家常卤味
二步一图教你做

甘智荣/主编

U0305115

黑龙江科学技术出版社
HEILONGJIANG SCIENCE AND TECHNOLOGY PRESS

图书在版编目（ＣＩＰ）数据

家常卤味，一步一图教你做 / 甘智荣主编. -- 哈尔滨 ：
黑龙江科学技术出版社，2015.10（2024.2重印）
ISBN 978-7-5388-8503-3

Ⅰ. ①家… Ⅱ. ①甘… Ⅲ. ①菜谱－图解 Ⅳ.
①TS972.12-64

中国版本图书馆CIP数据核字(2015)第204969号

家 常 卤 味 ， 一 步 一 图 教 你 做
JIACHANG LUWEI YIBU YITU JIAONIZUO

主　编	甘智荣	
责任编辑	徐　洋	
策划编辑	朱小芳	
出　版	黑龙江科学技术出版社	
	地址：哈尔滨市南岗区公安街70-2号　邮编：150007	
	电话：(0451) 53642106　传真：(0451) 53642143	
	网址：www.lkcbs.cn	
发　行	全国新华书店	
印　刷	三河市天润建兴印务有限公司	
开　本	723 mm×1020 mm　1/16	
印　张	16	
字　数	300千字	
版　次	2015年10月第1版	
印　次	2015年10月第1次印刷　2024年2月第2次印刷	
书　号	ISBN 978-7-5388-8503-3	
定　价	68.00元	

序言 Preface

我们从出生开始，每一天的生活都离不开吃。为了吃得好，势必要提高食物的质量。单纯一个"吃"字，虽足以概括饮食的本质，但却无法详细地剖析出隐藏在其背后的美味佳肴。因此，如何让"吃"变得更精致，还需要从了解每一道佳肴本身入手。

根据这一初衷，本套"全分解视频版"系列书籍应运而生。本套丛书共12本，内容涵盖了美食的方方面面，大到家常菜、川湘菜、主食、汤煲、粥品、烘焙、西点，小至小炒、凉菜、卤味、泡菜，只要是日常生活中会出现的美食，你都能在这里找到。

就《家常卤味，一步一图教你做》这一本来说，卤味，是指以家畜、家禽的肉和内脏以及水产、野味、蔬菜等为主要原料，通过卤汁进行卤制而做成的菜。

本书主要介绍生活中熟悉的卤味，将其分为素菜、畜肉、禽蛋、水产四大类，其中禽蛋还包括禽肉及各种蛋类等形式多样的食物。从材料、调料、做法到烹饪提示，将一道卤味从准备到制作完毕的过程全部展现出来，让家常卤味丰富你的餐桌。

本套"全分解视频版"丛书除立意鲜明、内容充实之外，还有一个显著的亮点，即是利用现如今最流行的"二维码"元素，将菜肴的制作与动态视频紧密结合，巧妙分解每一道佳肴的制作方法，始终坚持做到"一步一图教你做"，让视频分解出最细致的美味。

看完这套书，你会领悟"授人以鱼，不如授人以渔"的可贵。相比摆在眼前就唾手可得的现成食物，弄懂如何亲手制作美味佳肴，难道不显得更有意义吗？

如果你是个"吃货"，如果你有心学习"烹饪"这门手艺，如果你想让生活变得更丰富多彩，那就行动起来吧！用自己的一双巧手，对照着图书边看边做，或干脆拿起手机扫扫书中的二维码，跟着视频来学习制作过程。只要勇于迈出第一步，相信你总会有所收获。

希望谨以此套丛书，为读者提供方便，也衷心祝愿这套丛书的读者，厨艺更精湛，生活更上一层楼。

Contents 目录

Part 1 家常卤味制作知识

Part 2 垂涎欲滴的卤味素菜篇

Part 3 越吃越有味的卤味畜肉篇

Contents 目录

Part 4

回味无穷的卤味禽蛋篇

Contents 目录

Part 5 鲜香甜美的卤味水产篇

家常卤味制作知识

卤味以色泽亮丽、香气四溢、滋味浓郁、营养丰富等特点，深受老百姓的喜爱。同时由于可用于制卤味的原料十分丰富，家畜、家禽的肉和内脏以及水产、野味、蔬菜等均可以卤制，这就为人们提供了丰富的选择余地。要想亲手卤制出一盘好吃又好看的卤味还得掌握一定的卤味知识，本章就为你来一一进行介绍。

揭秘卤的悠久历史

中华美食的制作方法五花八门，有卤、熬、煲、凉拌、烤、炖、腌、炸、焖、烩、煎、涮、红烧、熏、焯、焗、熘、汆、炝、白灼、爆炒等。下面介绍一下卤的历史。

卤味，是指以家畜、家禽的肉和内脏以及水产、野味、蔬菜等为主要原料，通过卤汁进行卤制而成的菜。卤味的一般做法，是把待制作的原料放入调好的卤锅中，先用旺火烧开，再改用小火煮，使卤汁中的滋味慢慢地渗透到原料内，然后捞出凉凉，改刀装盘。

我国最早提到卤肉的是北魏时期的《齐民要术》，其记载："用猪、鸡、鸭肉，方寸准，熬之。与盐、豉汁煮之。葱、姜、橘、胡芹、小蒜，细切与之，下醋。切肉名曰'绿肉'，猪、鸡，名曰'酸'。"其中提到的"绿肉"即是现代卤味的鼻祖。之后，南宋吴自牧的《梦粱录》中说，当时杭州"城内外鲞铺，不下一二百余家""更有海味，如……望潮卤虾、鲚鲞、红鱼、明脯、干、比目、蛤蜊、酱蜜丁、车螯、江、蚕、鳔肠类。""卤"这一称呼就是从这里开始的。

清代的卤味做法更加完善，卤菜的材料和配方基本成熟，如袁枚的《随园食单》中关于"卤鸡"的做法："囫囵鸡一只，肚内塞葱三十条、茴香二钱，用酒一斤、秋油一小杯半，先滚一枝香，加水一斤、脂油二两，一齐同煨；待鸡熟，取出脂油。水要用熟水，收浓卤一饭碗，才取起；或拆碎，或薄刀片之，仍以原卤伴食。"从此"卤"这种食材制作方法基本定型。

直到20世纪80至90年代，随着与外界饮食文化的深入交流，粤式卤水有了很大的改进。如潮州卤水中加入了大骨、瑶柱、金华火腿等鲜味浓厚的原料，使得新式的卤水不仅有传统的浓浓药香，还增加了鲜味和肉味。如今，粤式卤水已呈现出白卤水、精卤水和潮州卤水的三足鼎立之势。

到了现代，卤味又有了更加创新的制作方法。卤味的原料已不仅仅是传统的肉类、海鲜类，更添加了野味、豆类、菌类、蔬菜类等一系列食材，只要你可以想到的食材，都可以卤。

熬出完美卤水

不同的食材，经过卤水的浸泡就会有不同的风味及口感。卤水中各种调料的运用，也影响着卤制品的味道，所以说好的卤水成就美味的卤味。下面就向大家介绍如何熬出完美的卤水。

制作喷香卤味的常见工具

漏勺

漏勺可用于食材的捞出，多为铝制。制作卤味后需要把干净的卤水保存好，漏勺就可以方便快捷地把卤好的食材捞出来，还可以减少残留的食物残渣，以防卤水变质。

滤网

滤网是制作卤水时必须用到的器具之一。制作卤水时，常有一些油沫和残渣，滤网便可以将这些细小的杂质滤出，让卤水美味又美观。

汤勺

汤勺可用来舀取卤汁，有不锈钢、塑料、陶瓷、木质等多种材质。制作卤味时可选用不锈钢材质的汤勺，耐用，易保存。

汤锅

汤锅是家中必备的煮卤汁器具之一，有不锈钢和陶瓷等不同材质，可用于电磁炉。若要使用汤锅长时间煮卤汁，一定要盖上锅盖慢慢炖煮，这样可以避免过度散热。

砂锅

砂锅保温能力强、耐烧、耐高温，但不耐温差变化，如果急速受热容易裂开，主要用于小火慢熬。其拥有金属锅所缺乏的透气性，卤煮任何食材都很容易入味。

熬制卤水的材料

✦ 草果

　　别名草果仁、草果子，性温，味辛。草果可燥湿除寒、消食化积，多用于熬汤汁，经肉料吸收后，还可减少肉腥味。

✦ 八角

　　别名八角茴香、大茴香，性温，味辛。八角多用于熬汤，出味后可经肉料吸收，有利于促进肠胃蠕动，增加食欲。

✦ 花椒

　　别名川椒、蜀椒、川花椒，性热，味辛。花椒能解鱼蟹毒，帮助减少血腥味，预防肉质滋生细菌，还具有暖胃、消滞的作用。

✦ 丁香

　　别名丁子、丁子香、公丁香、母丁香，性温，味辛。丁香的醇或醚浸出液，可缓解腹部胀气，增强消化功能，减轻恶心呕吐症状。其味浸入肉料，食后令人口齿留香。

✦ 白豆蔻

　　别名壳蔻、白蔻仁、豆蔻，性温，味辛。白豆蔻具有行气开胃的功效，适当搭配食材食用，可化湿、行气、温中、止呕。

✦ 大蒜

　　别名蒜、蒜头，味辛，性温。大蒜中的含硫化合物具有奇强的抗菌消炎作用，是当前发现的天然植物中抗菌作用最强的一种。

✦ 罗汉果

别名拉汗果，性凉，味甘。罗汉果具有止咳清热、凉血润肠的作用。

✦ 黄栀子

别名山栀子、栀子，性寒，味苦。黄栀子可用作调色，能令食物色味俱佳，促进食欲。

✦ 孜然

别名安息茴香、阿拉伯茴香、马芹子，性热，味辛。孜然可用来浸卤水、串烧，其气味芳香，能帮助增进食欲。

✦ 百里香

别名地椒、麝香草，性温，味辛。百里香带有强烈的芳香气味，用作调味料可减少食物异味，食后令人口齿留香。但有少量毒素，宜少量使用。

✦ 南姜

别名芦荟姜，性热，味辛。南姜煲汤易出味，经肉料吸收后，可减少膻腥味，还能促进肠胃蠕动，提振食欲。

✦ 香茅

别名大风茅、柠檬草、柠檬茅、香茅草等，性温，味辛。香茅可增加肉质芬芳的香气，刺激味蕾，增进食欲。

✦ 红曲米

别名红曲、赤曲、红米、福米，性温，味甘。红曲米在烹饪中的应用较为广泛，可用于炒菜、染色，也可用于烧腊、酱卤等食品的加工。

✦ 红葱头

别名分葱、大头葱、珠葱、朱葱，性凉，味苦。红葱头能辅助清热解毒、散瘀消肿、止血。

✦ 芫荽子

别名胡荽子、香菜子、松须菜子，性平，味辛、酸。芫荽子与食材同煮易出味，经肉料吸收后，可减少膻腥味，亦具有健胃消食、散寒理气的作用。

✦ 白胡椒

别名胡椒，性热，味辛。用白胡椒调味，可减少肉料膻腥味，也可缓解胃内积气，提升食欲。

✦ 黑胡椒

别名黑川，气芳香，味辛辣，是全世界使用最广泛的香料之一，其香味主要来自于自身含有的胡椒碱。黑胡椒可作为香料和调味料使用。

✦ 砂仁

别名小豆蔻，性温，味辛。砂仁多用于菜肴的调味，特别是咖喱菜的作料，有助于行气调味、和胃醒脾。

✦ 桂皮

别名白桂皮，性大热，味甘、辛。桂皮所含的桂皮油能刺激胃肠黏膜，可促进消化，增加胃液分泌，促进胃肠蠕动，排出消化道积气，促进血液循环。

✦ 陈皮

别名柑皮、橘皮、红皮、新会皮、果皮，性温，味苦、辛。陈皮可解鱼蟹毒，还有助于消膈气、化痰涎、和脾止嗽、通五淋。

✦ 小茴香

别名小茴，性温，味辛。小茴香可去鱼肉腥臊味，常用于熬汤，具有温肾散寒、和胃理气的作用。

✦ 甘草

别名甜草根、甜根子、国老，性平，味甘。甘草的甜味经肉料吸收后可减少肉的膻腥味，还可以和中缓急、润肺、解毒。

✦ 沙姜

别名山奈、山辣，性热，味辛。沙姜所含的有效成分经肉料吸收后，可减少肉的膻腥味，也可刺激消化道，增进食欲。

✦ 香叶

别名香艾，性温，味辛。香叶具有暖胃、消滞、润喉止渴的作用，还能解鱼蟹毒。经肉料吸收后，可帮助提升肉质的鲜甜口感。

让味道加分的常用配料

✦ 冰糖

别名冰粮，品质纯正，不易变质，可作糖果食用，可以增加甜度，也用作高级食品甜味剂。自然生成的冰糖有白色、微黄色、淡灰色等多种颜色。

✦ 细砂糖

别名幼砂糖，即结晶颗粒较小的砂糖。细砂糖颗粒比一般的普通砂糖要细小。与绵白糖不同，细砂糖显得较干，具有流动性，而绵白糖显得湿一些，摸起来软软的。

✦ 红糖

别名黑糖，通常是指带蜜的甘蔗成品糖，是甘蔗经榨汁、简易处理后浓缩形成的带蜜糖。红糖按结晶颗粒的不同，可分为赤砂糖、红糖粉、碗糖等。

✦ 盐

别名食盐，是人类生存最重要的物质之一，也是烹饪中最常用的调味料。日常生活中的食材烹饪均可用盐调味，但量不宜过多，每人每天摄入量应控制在6克以内。

✦ 味精

别名味素，是调味料的一种，主要成分为谷氨酸钠，其主要作用是增加食品的鲜味。

✦ 鱼露

别名虾油、鱼酱油、胰油，是一种非常常见的调味酱汁，其营养非常丰富，含有17种氨基酸，其中8种是人体所必需的，放入汤中后风味更佳。

◆ 鸡精

别名鸡粉，是在味精的基础上加入化学调料制成的调味品，含有谷氨酸钠以及多种氨基酸。鸡精加入菜肴、汤羹、面食中，有提鲜的效果。

◆ 黄酒

别名绍酒。绍酒含有氨基酸、糖、醋、有机酸和多种维生素等，香气浓郁，甘甜醇厚，能起到去腥臭、除异味的作用，是烹调中不可缺少的调味品。

◆ 料酒

以黄酒为基酒，加入多种香辛料勾调而成。其酒精浓度比较低，而酯类含量高，富含氨基酸，因而香味浓郁、味道醇厚。料酒的调味作用主要是去腥、增香，在烹制肉类菜肴中使用非常广泛。

◆ 蜂蜜

别名冬酿，蜂蜜属天然食品，由单糖类的葡萄糖和果糖构成，含有活性酶，所以加热不能超过60℃，否则会破坏其营养成分。

◆ 糖色

别名蜜饯，是烹制菜肴的红色着色剂，可以使成菜红润明亮、香甜味美、肥而不腻，常用于烹制红烧鱼、酱鸡、酱鸭、卤酱肉等菜式。

◆ 酱油

别名豉油，其色泽呈红褐色，有独特酱香，以咸味为主，滋味鲜美，能增加香味并改善菜肴的味道，也可以改变菜肴的色泽。

精卤水

■■ 材料

猪骨300克，老母鸡肉300克，草果15克，白豆蔻10克，小茴香2克，红曲米10克，香茅5克，甘草5克，桂皮6克，八角10克，砂仁6克，干沙姜15克，芫荽子5克，丁香3克，罗汉果10克，花椒5克，葱白15克，蒜10克，肥肉50克，红葱头20克，香菜15克，隔渣袋1个，盐30克，生抽20毫升，老抽20毫升，鸡粉10克，白糖、食用油各适量

■■ 做法

❶ 洗净的猪骨、老母鸡肉放入锅中，加水煮至沸腾。

❷ 捞去汤中浮沫，转用小火熬煮约1小时。

❸ 取下锅盖，捞出老母鸡肉和猪骨，余下的汤料即为上汤，盛入容器中备用。

❹ 把隔渣袋平放在盘中，放入香茅、甘草、桂皮、八角、砂仁、干沙姜、芫荽子、丁香、罗汉果、花椒。

❺ 再倒入草果、红曲米、小茴香、白豆蔻，收紧袋口，扎严实，制成香料袋。

❻ 炒锅烧热，加入适量食用油，放入肥肉，用中火煎至出油。

❼ 倒入蒜、红葱头、葱白、香菜爆香。

❽ 放入适量白糖，翻炒至白糖溶化。

❾ 倒入备好的上汤，用大火煮沸。

❿ 放入香料袋，转中火煮沸。

⓫ 加盐、生抽、老抽、鸡粉煮约30分钟。

⓬ 挑去葱、香菜、香料袋即成精卤水。

麻辣卤水

■■ 材料

干辣椒5克，草果5克，香叶3克，桂皮6克，干姜4克，八角6克，花椒4克，姜片20克，葱白15克，盐15克，麻辣鲜露4毫升，豆瓣酱5克，味精20克，生抽20毫升，老抽5毫升，食用油适量

■■ 做法

❶ 起油锅，倒入姜片、葱白爆香。

❷ 倒入干辣椒、草果、香叶、桂皮、干姜、八角和花椒，炒匀。

❸ 加入豆瓣酱，炒匀。

❹ 倒入约1000毫升清水。

❺ 加入麻辣鲜露、盐、味精、生抽、老抽，搅拌均匀。

❻ 烧开后小火煮30分钟，即成麻辣卤水。

川味卤水

■■ 材料

草果10克，香叶3克，桂皮10克，干姜8克，八角7克，花椒4克，姜片20克，葱白15克，豆瓣酱10克，麻辣鲜露5毫升，盐25克，味精20克，生抽20毫升，老抽10毫升，食用油25毫升

■■ 做法

❶ 油锅烧热后放入姜片、葱白，爆香。

❷ 再倒入草果、香叶、桂皮、干姜、八角、花椒，翻炒均匀。

❸ 转中火，加入豆瓣酱，炒匀。

❹ 倒入约1000毫升清水，再倒入麻辣鲜露。

❺ 加入盐、味精，淋入生抽、老抽，拌匀。

❻ 盖上锅盖，大火煮沸，转小火再煮约30分钟，即成川味卤水。

白卤水①

■■ 材料

姜片20克，香叶2克，草果5克，陈皮2克，
桂皮4克，干姜6克，丁香4克，隔渣袋1个，
盐25克，味精适量

■■ 做法

❶ 取一个干净的碗，倒入适量清水。

❷ 放入姜片、香叶、草果、陈皮、桂皮、干
姜、丁香，将材料清洗干净。

❸ 将姜片、香叶、草果、陈皮、桂皮、干姜、
丁香放入隔渣袋，扎紧口，制成香料袋。

❹ 锅中加入约2000毫升清水烧开，放入香料
袋，大火烧开。

❺ 加入盐、味精。

❻ 煮20分钟，去掉香料袋，剩下的汤汁即成
白卤水。

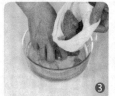

白卤水②

■■ 材料

姜片20克，草果10克，香叶3克，桂皮、干
沙姜各7克，陈皮2克，隔渣袋1个，盐20
克，鸡粉8克，料酒15毫升

■■ 做法

❶ 取一个干净的碗，倒入大半碗清水。

❷ 放入草果、香叶、桂皮、干沙姜、陈皮，
撒上姜片，稍清洗一下。

❸ 将洗净的香料装入隔渣袋中，收紧袋口，
系紧，扎严实，制成香料袋。

❹ 锅中倒入约1500毫升清水，放入香料袋，加
盖，大火煮沸后转小火继续煮约30分钟。

❺ 加入盐、鸡粉、料酒。

❻ 拌匀煮至入味，去掉香料袋，剩下的汤汁
即成白卤水。

酒香卤水

■■ 材料

猪骨300克，老母鸡肉300克，白酒300毫升，红葱头25克，蒜20克，草果15克，芫荽子10克，八角10克，桂皮10克，小茴香10克，丁香8克，隔渣袋1个，盐40克，白糖30克，味精、生抽、老抽、食用油各适量

■■ 做法

① 锅中加入清水，放入洗净的猪骨、老母鸡肉熬1小时。

② 捞出老母鸡肉和猪骨，即成上汤。

③ 将丁香、小茴香、芫荽子、桂皮、八角、草果放入隔渣袋，收紧袋口，制成香料袋。

④ 起油锅，倒入洗净的蒜、红葱头爆香。

⑤ 放入上汤、香料袋，煮沸后小火煮15分钟。

⑥ 倒入白酒，加盐、味精、白糖，倒入适量生抽、老抽，煮至入味，即成酒香卤水。

糟香卤水

■■ 材料

醪糟300克，姜片20克，葱白20克，红葱头30克，红曲米15克，草果15克，香菜15克，白豆蔻10克，八角10克，陈皮10克，桂皮8克，花椒7克，芫荽子5克，香叶3克，隔渣袋1个，料酒、盐、白糖、食用油各适量

■■ 做法

① 把草果、香叶、芫荽子、白豆蔻、桂皮、八角、陈皮、红曲米、花椒放入隔渣袋扎紧。

② 起油锅，倒入红葱头、葱白、香菜、姜片，大火爆香，淋入适量料酒。

③ 加清水，放隔渣袋，煮至汤汁呈淡红色。

④ 倒入醪糟，用小火再煮约5分钟。

⑤ 加入适量盐、白糖，捡去香料袋、葱白和香菜。

⑥ 捞出醪糟渣、姜片、红葱头即成糟香卤水。

常见的卤味制作方法

卤汁的调配方式有很多种，大部分是以酱油、香料及水煮成卤汁。制作卤味时把需要制作的食材加入到卤汁中卤煮几小时即可。以下列举几种比较常见的卤制方法：

油焖卤法

油焖卤法是用油爆香再进行焖煮，将较硬或不易入味的食材慢慢烧煮入味。

油焖卤法制作卤味时，食材都需经烫或油炸一下，待热锅爆香香料后，再倒入食材快速翻炒，最后放入卤汁材料，加盖焖烧至汤汁收浓、食材入味为止，味道相当香浓。

常用于油焖卤法的食材有虾、禽蛋类、豆制品类。

烫煮卤法

烫煮卤法适用于不需要煮太久的食材，对食材进行短时间烫煮，使食材口感鲜嫩香浓，不油不腻。

烫煮卤法可以说是焖煮卤法的另一种表现方式，只需掌握卤汁配方，短时间卤煮，也可做出风味十足的卤味，即使是不宜久煮的蔬菜、海鲜，也能卤出好滋味。

常用于烫煮卤法的食材有藕、蘑菇、瘦肉、蛋类及多种水产海鲜类。

浸泡卤法

浸泡卤法是指如果食材卤煮的时间不长，可以靠长时间浸泡来吸收卤汁的味道。

浸泡卤法利用醇厚的卤汁打底，让浸泡出的食材吃起来不油腻，但卤汁要煮沸至香味溢出，放凉后再加入煮熟的食材浸泡入味，因此此法制作卤味所需的浸泡时间较长，才能使食材完全入味。

常用于浸泡卤法的食材有蛋类、豆类、禽肉等。

烧煮卤法

烧煮卤法做出的卤品色泽酱红、咸香入味。

烧煮卤法的加热时间较长，且卤制食材多为整只或大块的，因此要视材料质地和形状大小、掌握投料顺序。如果数种材料同时卤制，要分批进行，小心控制火候，才能卤出滋味醇厚、熟香软嫩的口感。

常用于烧煮卤法的食材有蛋类、鸡肉、乳鸽、鹌鹑肉、猪蹄等。

炸卤法

炸卤法做出的卤味口感酥嫩却不软烂，带着卤汁浓郁的滋味，口感劲道，令人回味。

炸卤法只要先将备好的食材腌透，再用温油炸至金黄色，回锅用卤汁卤至入味，或者先卤后炸，既可保持卤味的特色，又能尝到酥脆的口感。

常用于炸卤法的食材有乳鸽、鸭肉、螃蟹、虾等。

酱卤法

酱卤法是将卤汁和调味料调匀，再加入食材以小火酱煮至汤汁变浓稠的卤味制作方法。

酱卤法一般选择需要长时间卤煮入味的肉类，将肉类先余烫，再将食材放入浓稠的酱汁中，以小火慢煮至汤汁逐渐收干，期间应不时翻面，以免酱肉粘住锅底。

常用于酱卤法的食材很广泛，一般的家畜、家禽及多种水产海鲜均适用。

冻卤法

冻卤法是将卤好的肉块制成冻状的食品，如使用纯猪皮的肉冻口感有弹性，使用琼脂粉的冻品口感较紧实。

冻卤法是将食材卤好切成小丁，加入卤汁凝成冻品。凝冻过程中，不可随意搅动，放入冰箱冷藏一夜，制成的冻品口感更清凉爽口。

常用于冻卤法的食材相对其他卤法来讲要少很多，一般多使用猪皮、猪蹄、羊肉、凤爪、鸭爪、鹅掌以及鲍鱼等。

教你小窍门，卤出好味道

卤味美食具备其他烹制方法达不到的优势，历经千年，经久不衰。它不是单一的烹制食品，而是集烹制（加热）与调味于一身，在火候要求上比其他菜式好掌握的一类菜式。但是，卤味在制作中，不管是老卤水还是新卤水，都有一些注意事项及技巧。

掌握好香料的用量

新卤水12500毫升，用600~700克香料为宜（6000毫升水用300克，3000毫升水则用150克左右）。

香料包扎

香料应用洁净的纱布包好扎严，不宜扎太紧。香料袋包扎好后，应该用开水浸泡半小时再使用，其目的是去沙砾和减少药味。

适时更换香料袋

卤水经过一段时间的卤制后，卤水中的香味会逐渐减弱，因此要及时更换香料袋，以保持卤水香味始终浓郁。

离不开咸味

卤水中的香料只能产生五香味感，不能使原料产生咸味。因此，在每次投放原料时都必须尝一尝卤水的咸味，看其咸味是否合适，差多少咸味就加多少盐，只有在咸味适宜后才能进行卤制。

勤加汤汁

在卤制过程中，卤水会逐渐减少，这时需要及时补充水分，而加水的方法通常有两种。

（1）事先准备一定量的原汁卤水，边卤制边加入。

（2）事先熬制好鲜汤，在卤制前加入原卤汁中，稍熬后再卤制原料。但要注意在卤制原料时不宜加入冷水，这样会减弱卤水的香味、鲜味和咸味。

卤水中忌用酱油代替糖色

红卤水的金黄色泽是靠糖色产生的，不能以酱油来代替。加糖色卤制的原料色泽金黄，不易变黑，而加酱油的卤水，时间稍长，经氧化后便会色泽发黑、发暗，时间越长，色泽越黑越深。

Part 2

垂涎欲滴的
卤味素菜篇

俗话说得好，『三天不吃青，两眼冒金星』，蔬菜同样可以卤着吃，不用我们煞费苦心地去制作，只要花上一点点的时间，茶余饭后翻开本章，你就可以学会卤蔬菜的做法，让你轻轻松松就可以品尝到一道道清香的佳肴。

香卤猴头菇

◎烹饪时间：23分钟　◎功效：防癌抗癌

■■ **材料**

水发猴头菇100克，八角10克，桂皮10克，枸杞10克，姜片少许

■■ **调料**

生抽5毫升，盐2克，鸡粉2克，白糖3克，料酒8毫升，鸡汁10毫升，水淀粉6毫升，老抽、食用油各适量

■■ 做法

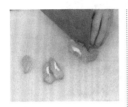
❶ 洗好的猴头菇切成片，备用。

❷ 用油起锅，放入少许姜片、八角、桂皮，炒香。

❸ 加入适量清水，放入生抽、盐、鸡粉、白糖。

❹ 淋入料酒、鸡汁、适量老抽，拌匀，煮至沸。

❺ 锅中放入切好的猴头菇。

❻ 盖上盖，用小火卤20分钟至食材入味。

❼ 揭开盖子，用大火收汁，淋入水淀粉。

❽ 快速翻炒均匀。

❾ 关火后盛出炒好的食材，装入盘中，放入枸杞点缀即可。

Tips

跟着做不会错：要在水煮沸后再放入猴头菇，这样才能利用高温迅速锁住猴头菇的营养和味道。

卤白灵菇

●烹饪时间：31分钟　●功效：降压降糖

■■ 材料

白灵菇700克

■■ 调料

精卤水适量（精卤水的制作详见本书P10）

■■ 做法

❶ 精卤水锅用大火烧开，放入清洗干净的白灵菇。

❷ 拌匀煮至卤水浸没材料。

❸ 盖上盖子，转用小火卤30分钟至入味。

❹ 取下盖子，捞出卤好的白灵菇。

❺ 装在盘中放凉。

❻ 待白灵菇放凉后斜切成薄片。

❼ 摆放在盘中，浇上少许卤汁即成。

卤鸡腿菇

◉烹饪时间: 16分钟　◉功效: 增强免疫力

■■ 材 料

鸡腿菇200克

■■ 调 料

精卤水适量（精卤水的制作详见本书P10）

■■ 做 法

❶ 精卤水锅置于火上，用大火煮沸。

❷ 再放入鸡腿菇。

❸ 盖上盖，用小火卤15分钟至入味。

❹ 揭开盖，捞出鸡腿菇。

❺ 装入盘中放凉。

❻ 把鸡腿菇对半切开，再改切成小块。

❼ 摆放在盘中，浇上少许卤汁即可。

卤茶树菇

◎烹饪时间：12分钟　◎功效：防癌抗癌

■■ 材料

茶树菇200克

■■ 调料

精卤水适量（精卤水的制作详见本书P10）

■■ 做法

❶ 把洗净的茶树菇切去根部。

❷ 修饰整齐，备用。

❸ 精卤水锅置于火上，用大火烧开。

❹ 锅中放入切好的茶树菇。

❺ 盖上锅盖，转小火续煮。

❻ 卤制约10分钟至茶树菇入味。

❼ 揭开锅盖，把卤好的茶树菇捞出，沥干水分。

❽ 将卤好的食材摆放在盘中。

❾ 浇上少许卤水。

Tips

跟着做不会错：由于茶树菇本身味道就很鲜美，而且此菜又是卤过的，所以不需要再加味精等调料。

卤香菇

◉烹饪时间：12分钟　◉功效：降压降糖

■■ 材料

鲜香菇250克

■■ 调料

精卤水适量（精卤水的制作详见本书
P10）

■■ 做 法

❶ 将洗净的香菇切去根部，然后切成块。

❷ 将切好的香菇装在盘中，备用。

❸ 精卤水锅置于火上，用大火煮至沸。

❹ 放入切好的香菇。

❺ 拌匀，用大火煮至沸腾。

❻ 盖上盖，用小火卤10分钟至入味。

❼ 关火，取下锅盖，取出卤好的香菇。

❽ 捞出食材，沥干水分，放在盘中。

❾ 摆好盘即成。

Tips

跟着做不会错：洗香菇时，把香菇泡在水里，使其根部朝下，然后用筷子轻轻敲打，使藏在香菇菌褶里的泥沙掉入水中，这样既能轻松地将香菇清洗干净，又可以保留香菇完整的形状。

卤草菇

⊙烹饪时间：31.5分钟　⊙功效：增强免疫力

■■ 材 料
草菇300克

■■ 调 料
精卤水适量（精卤水的制作详见本书P10）

■■ 做 法
❶ 将已经准备好的现成精卤水倒入锅中。

❷ 精卤水锅烧开，再放入清洗干净的草菇。

❸ 拌匀煮至沸。

❹ 盖上盖子，转用小火卤30分钟至入味。

❺ 取下锅盖，捞出卤好的草菇。

❻ 装在盘中凉凉，摆好盘。

❼ 浇上少许卤水即成。

卤木耳

●烹饪时间: 16.5分钟　●功效: 防癌抗癌

■■ 材料

水发木耳250克

■■ 调料

鸡粉适量，精卤水适量（精卤水的制作详见本书P10）

■■ 做法

❶ 洗净的木耳去掉根部。

❷ 装入盘中备用。

❸ 将炒锅置于大火上，倒入精卤水煮沸。

❹ 放入木耳和适量鸡粉，稍做搅拌。

❺ 加盖，用小火卤制15分钟。

❻ 揭盖，把卤好的木耳捞出。

❼ 将木耳装入盘中即可。

卤黄豆

●烹饪时间：31.5分钟　●功效：清热解毒

■■ **材 料**

水发黄豆500克

■■ **调 料**

精卤水适量（精卤水的制作详见本书P10）

■■ **做 法**

❶ 备好现成的精卤水备用。

❷ 将精卤水锅置于大火上煮沸。

❸ 用筷子在卤水锅中顺时针搅一下。

❹ 放入备好的黄豆。

❺ 加上锅盖，用小火卤制30分钟。

❻ 揭开锅盖，把卤好的黄豆捞出，凉凉。

❼ 将黄豆装入盘中即可。

辣拌卤黄豆芽

◉烹饪时间：16.5分钟　◉功效：美容养颜

■■ 材料
黄豆芽300克

■■ 调料
辣椒油2毫升，芝麻油2毫升，川味卤水适量（川味卤水的制作详见本书P11）

■■ 做法
❶ 把川味卤水煮沸，放入洗净的黄豆芽。

❷ 搅散后加盖，小火卤制15分钟。

❸ 揭盖，把卤好的黄豆芽捞出，凉凉。

❹ 将黄豆芽装入碗中。

❺ 加上辣椒油、芝麻油。

❻ 用筷子拌匀，至入味。

❼ 将碗中拌好的黄豆芽倒入盘中即可。

卤豆角

◎烹饪时间：10.5分钟　◎功效：开胃消食

■■ 材料

豆角300克

■■ 调料

精卤水适量（精卤水的制作详见本书P10）

■■ 做法

❶ 洗净的豆角切成4厘米长的段。

❷ 将切好的豆角装入盘中，备用。

❸ 精卤水锅置于火上，大火烧开。

❹ 再放入切好的豆角。

❺ 盖上锅盖，用小火卤10分钟至入味。

❻ 揭开盖，捞出卤好的豆角。

❼ 将豆角沥干，摆好盘即成。

跟着做不会错：豆角应清洗干净后再切段，这样可以避免豆角营养成分的流失。

卤扁豆

◉ 烹饪时间：12分钟　◉ 功效：开胃消食

■■ 材料

扁豆250克

■■ 调料

精卤水适量（精卤水的制作详见本书P10）

■■ 做法

❶ 将扁豆摘洗干净备用。

❷ 精卤水锅置火上，大火煮沸。

❸ 倒入备好的扁豆。

❹ 盖上锅盖，转用小火卤10分钟至入味。

❺ 揭开盖子，捞出卤好的扁豆。

❻ 再用筷子把卤好的扁豆摆在盘子上。

❼ 浇上少许卤汁即可食用。

跟着做不会错：烹饪扁豆前要把扁豆两侧的筋摘净，否则会影响口感。

Tips 🥣

辣卤毛豆

◉烹饪时间: 16.5分钟　◉功效: 开胃消食

■■ 材料

毛豆350克，干辣椒5克

■■ 调料

川味卤水适量（川味卤水的制作详见本书P11）

■■ 做法

❶ 将毛豆、干辣椒洗净备用。

❷ 准备适量川味卤水备用。

❸ 川味卤水锅放火上，用大火煮沸。

❹ 再放入洗净的毛豆、干辣椒。

❺ 盖上盖，大火煮沸，转用小火卤煮约15分钟至熟透。

❻ 揭开锅盖，把卤好的毛豆捞出，沥干卤汁。

❼ 装入盘中，摆好盘即可。

卤毛豆

◉烹饪时间: 3分钟　◉功效: 开胃消食

■■ 材 料

毛豆180克，葱条、姜片、八角、桂皮各少许

■■ 调 料

盐3克，鸡粉、白糖、料酒、精卤水各适量（精卤水的制作详见本书P10）

■■ 做 法

❶ 热锅倒入精卤水。

❷ 放入少许姜片、八角、桂皮、葱条，大火煮沸。

❸ 倒入洗好的毛豆，用中火拌煮至沸。

❹ 加盐，适量鸡粉、白糖、料酒调味。

❺ 拌煮至毛豆入味。

❻ 关火，用漏勺盛出毛豆沥干水分，再挑去配料。

❼ 放入盘中即成。

卤蚕豆

◉烹饪时间：16分钟　◉功效：降低血压

■■ 材 料
蚕豆300克

■■ 调 料
精卤水适量（精卤水的制作详见本书P10）

■■ 做 法
❶ 将洗净的蚕豆去除头尾，装入盘中待用。

❷ 干净锅中倒入适量精卤水，大火煮至沸腾后放入蚕豆。

❸ 搅拌均匀，大火煮沸。

❹ 盖上盖，转中小火。

❺ 卤制约15分钟至入味。

❻ 关火，揭开盖，捞出卤好的蚕豆，沥干卤汁。

❼ 放入盘中，摆好盘即成。

川味卤水蚕豆仁

◉烹饪时间：16.5分钟　◉功效：防癌抗癌

■■材料
蚕豆仁300克

■■调料
川味卤水适量（川味卤水的制作详见本书P11）

■■做法
❶ 将蚕豆仁洗净备用。

❷ 川味卤水锅置火上，盖上锅盖，用大火煮沸。

❸ 放入洗净的蚕豆仁。

❹ 转小火卤煮约15分钟至熟软。

❺ 取下锅盖，捞出卤好的蚕豆仁。

❻ 沥干汁水。

❼ 放入盘中，摆好盘即可。

五香芸豆

●烹饪时间：21分钟　●功效：增强免疫力

■■ 材料
水发芸豆100克，花椒8克，八角、葱段、姜片各少许

■■ 调料
白糖4克，盐2克

■■ 做法
1. 砂锅中注入适量清水，用大火烧热。
2. 倒入洗净备好的芸豆、花椒，少许八角、姜片、葱段。
3. 盖上锅盖，烧开后转小火煮20分钟至食材熟透。
4. 揭开锅盖，加入白糖、盐，拌匀至食材入味。
5. 关火后将煮好的芸豆盛出，装入碗中，拣去姜片、葱段即可。

卤豆腐皮

◉烹饪时间：12分钟　◉功效：增强免疫力

■■ **材料**

豆腐皮300克，葱15克

■■ **调料**

食用油适量，精卤水适量（精卤水的制作详见本书P10）

■■ **做法**

❶ 炒锅中加入适量清水烧开，加入适量食用油。

❷ 放入葱，烫软，将葱捞出备用。

❸ 将豆腐皮切成长方形，再折叠成方块状。

❹ 用葱条绑好，入盘中备用。

❺ 将精卤水锅置于大火上，煮沸，放入绑好的豆腐皮。

❻ 加盖，用小火卤制10分钟。

❼ 将卤好的豆腐皮捞出，装入盘中，浇上少许卤水即可。

跟着做不会错：如果喜欢鲜辣的口味，可以加入老干妈辣酱拌匀，再浇上卤水。

Tips

凉拌卤豆腐丝

◉烹饪时间：24分钟　◉功效：增高助长

■■ 材料

豆腐皮230克，黄瓜60克

■■ 调料

芝麻油适量，精卤水350毫升（精卤水的制作详见本书P10）

■■ 做法

❶ 将洗净的豆腐皮切细丝。

❷ 洗好的黄瓜切片，改切成丝。

❸ 锅置于火上，倒入精卤水，放入豆腐皮，拌匀。

❹ 加盖，用大火烧开后转小火卤约20分钟至熟。

❺ 揭盖，关火后将卤好的材料倒入碗中，待用。

❻ 放凉后滤去卤水。

❼ 将豆腐皮放入碗中，倒入黄瓜，淋上适量芝麻油。

❽ 用筷子搅拌均匀。

❾ 将拌好的豆腐皮装入用黄瓜装饰的盘中即可。

Tips

跟着做不会错：豆腐皮可事先焯煮片刻，去除其豆腥味。

香卤千张卷

◉烹饪时间：27分钟　◉功效：增强免疫力

■■材料

千张卷270克，香叶、八角、花椒、草果、桂皮、姜片、葱条各少许，黄瓜25克

■■调料

盐2克，白糖3克，生抽、老抽、食用油各适量

■■ 做法

❶ 用油起锅，放入少许姜片，爆香。

❷ 加入少许八角、花椒、草果、桂皮、香叶，炒匀。

❸ 注入适量清水，倒入少许葱条。

❹ 加入盐、白糖，适量生抽、老抽。

❺ 放入千张卷。

❻ 加盖，用大火烧开后转小火卤约25分钟至熟。

❼ 揭盖，取出卤好的千张卷。

❽ 装入盘中待用，放凉后切成片。

❾ 将黄瓜摆放在盘中做装饰，放入千张卷，浇上少许卤汁。

Tips

跟着做不会错：千张卷要切细一点，这样容易熟，从而节省卤制时间。

香卤千张丝

◎烹饪时间：11.5分钟　◎功效：增强免疫力

■■ 材料

豆腐皮250克

■■ 调料

精卤水适量（精卤水的制作详见本书P10）

■■ 做法

❶ 把洗净的豆腐皮卷成卷儿，切成丝。

❷ 将切好的千张丝装在盘中待用。

❸ 精卤水锅置于火上，用大火煮沸。

❹ 放入备好的千张丝。

❺ 盖上锅盖，大火煮至沸。

❻ 转小火卤煮约10分钟至入味。

❼ 捞出卤好的千张丝，装入盘中，摆好盘即可。

卤腐竹

◉烹饪时间: 11分钟　◉功效: 健脑提神

■■ 材 料
水发腐竹300克

■■ 调 料
精卤水适量（精卤水的制作详见本书P10）

■■ 做 法
❶ 腐竹切成2厘米的长段。

❷ 装入碗中备用。

❸ 将炒锅置于大火上，倒入适量精卤水煮沸。

❹ 加入备好的腐竹。

❺ 加盖，用小火卤制10分钟。

❻ 揭盖，把卤好的腐竹捞出。

❼ 将腐竹装入盘中即可。

卤汁面筋

◎烹饪时间：7分钟　◎功效：防癌抗癌

■■材料

油面筋200克，鲜香菇3朵，干辣椒、八角各少许

■■调料

盐、鸡粉各2克，生抽3毫升，老抽2毫升，水淀粉4毫升，芝麻油2毫升，食用油适量

❶ 将洗净的香菇切片，改切条。

❷ 锅中注适量清水烧开，放入油面筋，煮至熟软。

❸ 把煮好的油面筋捞出，再沥干水分后，待用。

❹ 用油起锅，放入香菇，少许八角、干辣椒，炒香。

❺ 放入生抽，加适量清水，再加老抽。

❻ 倒入油面筋、滴入芝麻油，拌匀。

❼ 盖上盖子，用中火焖约5分钟。

❽ 揭盖，放盐、鸡粉、水淀粉，炒匀。

❾ 将菜肴盛出，装盘中摆好即可。

Tips

跟着做不会错：油面筋含油分较多，放入沸水锅煮一下再制作菜肴，可以去除多余的油分，降低成菜的油腻感。

辣卤豆筋

◉ 烹饪时间：16分钟 ◉ 功效：增强免疫力

■■ 材 料

豆筋350克

■■ 调 料

豆瓣酱、麻辣鲜露、盐、味精、生抽、老抽、食用油、川味卤水各适量（川味卤水的制作详见本书P11）

■■ 做 法

① 将洗净的豆筋切成细丝。
② 将切好的豆筋装入盘中备用。
③ 汤锅中倒入适量川味卤水，煮沸后放入切好的豆筋。
④ 放入备好的豆瓣酱、麻辣鲜露、盐、味精、生抽、老抽、食用油，拌匀煮沸。
⑤ 盖上锅盖，转小火煮至入味。
⑥ 取下锅盖，捞出卤好的豆筋。
⑦ 沥干汁水，摆好盘即成。

 Tips 　跟着做不会错：豆筋需用凉水泡发，这样可使豆筋的外表整洁美观。

香卤豆干

◎烹饪时间：17分钟　◎功效：清热解毒

■■ 材料
豆干200克

■■ 调料
精卤水适量（精卤水的制作详见本书P10）

■■ 做法

❶ 将豆干洗净备用。

❷ 将精卤水煮沸，放入豆干。

❸ 加盖，用小火卤制15分钟。

❹ 揭盖，把卤好的豆干捞出，放入盘中凉凉。

❺ 把豆干切成条。

❻ 将切好的豆干条装入盘中。

❼ 浇上少许卤水即可。

跟着做不会错：如果喜欢味道较重的卤豆干，可以等卤汤变凉以后，再捞出豆干切条。

Tips 🥢

精卤攸县香干

◎烹饪时间：17分钟　◎功效：降低血脂

■■ 材料

攸县香干200克

■■ 调料

精卤水适量（精卤水的制作详见本书P10）

■■ 做法

1. 精卤水锅上火煮沸。
2. 放入攸县香干。
3. 加盖，用小火卤制15分钟。
4. 揭盖，把卤好的攸县香干捞出，入盘中凉凉。
5. 把攸县香干切成块。
6. 将切好的攸县香干装入盘中。
7. 浇上少许卤水即可。

卤水豆腐

●烹饪时间: 17分钟　●功效: 增强免疫力

■■ 材料
老豆腐700克

■■ 调料
食用油适量，精卤水适量（精卤水的制作详见本书P10）

■■ 做法
1. 将洗好的老豆腐切成厚片。
2. 热锅注油，烧至六成热，放入老豆腐，炸约4分钟至表面呈金黄色。
3. 把炸好的老豆腐捞出。
4. 加热精卤水锅，至精卤水沸腾。
5. 把炸好的老豆腐放入煮沸的精卤水锅中。
6. 加盖，用慢火卤10分钟。
7. 卤好的老豆腐盛入盘中，再浇上少许卤水即可。

卤汁油豆腐

◉烹饪时间：23分钟　◉功效：增强免疫力

■■ 材料

油豆腐300克，八角3个

■■ 调料

盐、鸡粉、白糖各1克，老抽1毫升，生抽3
毫升，芝麻油5毫升，蜂蜜15克

■■ 做法

❶ 锅中注水烧开，倒入油豆腐。

❷ 稍煮片刻以去掉多余油脂，捞出，装盘待用。

❸ 另起锅注水，放入八角。

❹ 淋入老抽、生抽。

❺ 加入盐、鸡粉、白糖，拌匀。

❻ 倒入油豆腐。

❼ 加盖，用大火煮开后转小火卤20分钟至汤汁浓稠。

❽ 揭盖，倒入蜂蜜，将食材拌匀，稍煮片刻至入味。

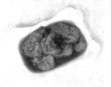

❾ 盛出油豆腐和适量酱汁，装盘，淋入芝麻油即可。

Tips

跟着做不会错：可依个人喜好，适当增减白糖及蜂蜜的用量。

卤素鸡

◉烹饪时间：37分钟　◉功效：补钙

■■ 材料
素鸡、姜片、香葱、干辣椒、花椒、八角、香菜各适量

■■ 调料
盐、白糖各1克，生抽、料酒各5毫升，食用油、精卤水各适量（精卤水的制作详见本书P10）

Tips

跟着做不会错：斜刀切素鸡可以使得素鸡看起来更美观，同时可使素鸡更容易入味。

■■ 做 法

❶ 素鸡切厚片。

❷ 热锅注油，倒入切好的素鸡。

❸ 煎约5分钟至两面微黄。

❹ 盛出煎好的素鸡，装盘待用。

❺ 另起锅注油，倒入八角、花椒、姜片、干辣椒，爆香。

❻ 放入香葱，倒入精卤水。

❼ 再注入适量清水。

❽ 倒入煎好的素鸡。

❾ 加入盐、生抽、料酒、白糖，拌匀。

❿ 加盖，用小火卤30分钟至入味。

⓫ 揭盖，关火后用筷子将素鸡整齐摆放在盘中。

⓬ 放上适量香菜点缀即可。

卤白菜卷

◉烹饪时间：18分钟　◉功效：开胃消食

■■ 材料

白菜叶、胡萝卜、鲜香菇、葱花、姜末、干辣椒、肉末、丁香、茴香、桂皮、八角、草果、姜片、甘草各适量

■■ 调料

盐、鸡粉各2克，胡椒粉少许，生抽5毫升，食用油、生粉、豆瓣酱、白酒各适量

Tips

跟着做不会错：肉馅拌好后可再用少许食用油腌渍一会儿，口感会更好。

■■ 做法

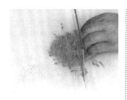

❶ 将去皮洗净的胡萝卜切片,再切细丝,改切末。

❷ 洗好的香菇切片,改切粗丝,再切碎。

❸ 把适量肉末装碗中,倒入适量切好的胡萝卜、香菇,撒上适量姜末、葱花。

❹ 加入盐、鸡粉、生抽、胡椒粉、适量生粉,搅拌至肉质起筋,制成馅料。

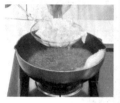

❺ 锅中注入清水烧开,放入适量洗净的白菜叶,焯煮至食材变软后捞出,沥干水分,备用。

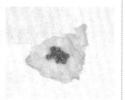

❻ 取出焯过水的白菜叶,铺平好,盛入馅料。

❼ 包好,再穿上牙签,固定好封口,制成白菜卷生坯待用。

❽ 用油起锅,放入适量豆瓣酱,炒出香味,撒上适量干辣椒,爆香。

❾ 倒入丁香、茴香、桂皮、八角、草果、姜片、甘草,炒匀。

❿ 注入适量清水,用大火煮沸,淋入适量白酒,倒入生坯。

⓫ 盖上盖,用中火卤约15分钟,至食材熟透。

⓬ 关火后,夹出卤熟的白菜卷,食用前去除牙签,分成小段,摆放在盘中即可。

豉香青椒

◉烹饪时间: 19分钟　◉功效: 增强免疫力

■■ 材料

青椒200克，八角、桂皮、香叶各少许

■■ 调料

盐3克，生抽20毫升，鸡粉、味精、老抽、食用
油各适量，豆豉酱20克

■■ 做法

❶ 锅中倒入适量清水烧开。

❷ 倒入少许洗净的八角、桂皮、香叶。

❸ 放入豆豉酱、食用油。

❹ 加入生抽、盐，适量鸡粉、味精、老抽。

❺ 盖上盖，慢火煮约10分钟，制成卤水。

❻ 揭盖，倒入洗净的青椒。

❼ 盖上盖，浸泡约8分钟取出，装入盘中即成。

卤花菜

◉烹饪时间：11分钟　◉功效：防癌抗癌

■■ 材料
花菜500克，辣椒圈适量

■■ 调料
精卤水适量（精卤水的制作详见本书P10）

■■ 做法
❶ 准备好适量现成精卤水。

❷ 将花菜洗净，切成小块。

❸ 将切好的花菜放入盘中备用。

❹ 炒锅置于大火上，倒入精卤水煮沸，加入花菜。

❺ 加盖，大火烧开，用小火卤制10分钟。

❻ 揭盖，把卤好的花菜捞出，凉凉。

❼ 将花菜装入盘，点缀辣椒圈即可。

卤西蓝花

◉烹饪时间: 11分30秒　◉功效: 防癌抗癌

■■ 材料
西蓝花250克

■■ 调料
精卤水适量（精卤水的制作详见本书P10）

■■ 做法

❶ 将洗净的西蓝花切成小块，备用。

❷ 将炒锅置于大火上，倒入适量精卤水煮沸，加入西蓝花。

❸ 加盖，用小火卤制10分钟。

❹ 揭盖，把卤好的西蓝花捞出，凉凉。

❺ 将西蓝花装入盘中即可。

卤水白萝卜

◎烹饪时间：16分钟 ◎功效：防癌抗癌

■■ 材 料

白萝卜500克

■■ 调 料

精卤水适量（精卤水的制作详见本书P10）

■■ 做 法

❶ 把去皮洗净的白萝卜切成条状，改切成小块。

❷ 将切好的白萝卜装入盘中待用。

❸ 精卤水锅置于火上，烧煮至沸。

❹ 锅中放入白萝卜，搅拌均匀。

❺ 盖上锅盖，转小火卤煮约15分钟至白萝卜熟透。

❻ 取下锅盖，再拌煮至入味。

❼ 把卤好的白萝卜捞出，沥干汁水后装入盘中即可。

跟着做不会错：卤制白萝卜时应用小火卤制，并且卤制时间不宜过长，以免白萝卜被煮碎。

Tips

卤胡萝卜

◎烹饪时间：16分钟　◎功效：增强免疫力

■■ 材料

胡萝卜350克，香菜少许

■■ 调料

精卤水适量（精卤水的制作详见本书P10）

■■做法

❶ 把去皮洗净的胡萝卜对半切开，切成条状，再切成小块。

❷ 将切好的胡萝卜放入盘中待用。

❸ 精卤水锅置于火上，烧煮至沸。

❹ 精卤水锅中放入胡萝卜块。

❺ 盖上盖，煮沸后转小火卤制约15分钟至熟透。

❻ 揭开锅盖，拌煮一小会儿至入味。

❼ 从精卤水锅中取出卤好的胡萝卜。

❽ 卤好的胡萝卜沥干汁水后放入盘中。

❾ 在卤好的胡萝卜上点缀少许香菜即可。

Tips

跟着做不会错：胡萝卜卤制好后在锅中浸泡一会儿，可以使胡萝卜的味道更好。

卤汁茄子

◎烹饪时间：16.5分钟　◎功效：降压

■■ 材 料

茄子250克

■■ 调 料

精卤水适量（精卤水的制作详见
本书P10）

■■ 做 法

❶ 将去皮洗净的茄子对半切开，
　切上十字花刀，再切成小段。

❷ 将切好的茄子装入盘中待用。

❸ 精卤水锅置火上，大火煮沸。

❹ 精卤水锅中放入茄子。

❺ 搅拌均匀，拌煮至沸腾。

❻ 盖上锅盖，转小火卤煮约15分
　钟至入味。

❼ 捞出卤制好的茄子，装入盘中。

 Tips　跟着做不会错：茄子切开后应放入盐水中浸泡，使其
不被氧化，保持茄子的本色。

卤水藕片

◉烹饪时间：21.5分钟　◉功效：益气补血

■■ 材 料

莲藕300克

■■ 调 料

精卤水适量（精卤水的制作详见
本书P10）

■■ 做 法

❶ 用大火将适量精卤水煮沸。

❷ 放入去皮洗净的莲藕。

❸ 加盖，小火卤制20分钟。

❹ 揭开盖，把卤好的莲藕捞出，
凉凉片刻。

❺ 把卤好的莲藕切成片。

❻ 将切好的藕片装入盘中，淋上
少许卤水即可。

❼ 稍作装饰，即可。

跟着做不会错：卤制莲藕可根据个人的喜好控制卤制
的时间。

Tips

卤土豆

◎烹饪时间: 15.5分钟　◎功效: 健脑提神

■■ **材 料**

土豆150克

■■ **调 料**

精卤水适量（精卤水的制作详见本书P10）

■■ **做 法**

❶ 去皮洗净的土豆切成小块。

❷ 放入装有水的碗中，浸泡，备用。

❸ 将精卤水锅煮沸。

❹ 再将备好的土豆倒入锅中。

❺ 加盖，用慢火卤制15分钟。

❻ 揭盖，把卤好的土豆捞出，凉凉。

❼ 将土豆装入盘中，浇上少许卤水即可。

卤小土豆

◎烹饪时间：21分26秒　◎功效：增强免疫力

■■ 材料
小土豆300克，香菜少许

■■ 调料
精卤水适量（精卤水的制作详见本书P10）

■■ 做法
1. 精卤水锅置于火上，大火煮沸。
2. 精卤水锅中放入处理干净的小土豆。
3. 盖上锅盖，转用小火卤约20分钟至入味。
4. 搅拌均匀，用大火煮至沸。
5. 盖上锅盖，继续卤至食材入味。
6. 揭开盖，捞出卤好的小土豆，沥干卤汁。
7. 放入盘中摆好，浇上少许卤汁，点缀上少许香菜即成。

卤芋头

◉烹饪时间：21分钟　◉功效：增强免疫力

■■ 材料

小芋头450克

■■ 调料

精卤水适量（精卤水的制作详见本书P10）

■■ 做法

❶ 精卤水锅置于火上，用大火煮沸。

❷ 精卤水锅中放入去皮洗净的小芋头。

❸ 盖上盖，转小火。

❹ 卤制约20分钟至小芋头入味。

❺ 关火，揭开盖，拌匀浸味。

❻ 从卤水锅中捞出小芋头，沥干卤汁。

❼ 用筷子将小芋头夹入盘中，摆好即成。

卤板栗

◉烹饪时间：31分钟　◉功效：降低血脂

■■ **材料**

板栗300克

■■ **调料**

精卤水适量（精卤水的制作详见本书P10）

■■ **做法**

❶ 将板栗洗净去皮放入碗中备用。

❷ 将精卤水锅煮沸。

❸ 倒入洗净去皮的板栗。

❹ 加盖，大火煮至精卤水沸腾。

❺ 转小火卤制30分钟，至板栗入味。

❻ 揭盖，把卤好的板栗捞出。

❼ 将板栗装入盘中即可。

卤魔芋

◉烹饪时间：16.5分钟　◉功效：保肝护肾

■■ 材料

魔芋500克，香菜少许

■■ 调料

精卤水适量（精卤水的制作详见本书 P10）

■■ **做法**

❶ 把洗净的魔芋沥干水分，放在盘中。

❷ 再切成粗条，改切成小方块。

❸ 精卤水锅置于火上，用大火煮沸。

❹ 精卤水锅中倒入切好的魔芋。

❺ 加上锅盖，煮沸后用小火卤约15分钟至熟。

❻ 揭开锅盖，再拌煮一小会儿至入味。

❼ 从精卤水锅中捞出卤好的魔芋。

❽ 将沥干汁水的魔芋装入盘中。

❾ 将魔芋摆好盘，点缀上少许香菜即可。

Tips 🥣

跟着做不会错：生魔芋有毒，必须煮3小时以上才可食用。但本道菜所使用的魔芋是加工过的食物，因此无需煮制太长时间。

卤玉米棒

◎烹饪时间：22分钟　◎功效：瘦身排毒

■■ 材料
玉米棒600克

■■ 调料
精卤水适量（精卤水的制作详见本书P10）

■■ 做法
❶ 把洗净的玉米棒斩成小段。
❷ 将切好的玉米棒放入盘中待用。
❸ 精卤水锅置于旺火上，大火煮沸。
❹ 煮沸后的精卤水锅中放入切好的玉米棒。
❺ 盖上锅盖，转用小火，卤制约20分钟至玉米棒熟
　　透入味。
❻ 关火，揭开盖，捞出卤好的玉米棒。
❼ 将沥干卤汁的玉米棒放入盘中，摆好即成。

卤花生

◉烹饪时间: 21分钟　◉功效: 降低血脂

■■ **材 料**

带壳花生200克

■■ **调 料**

精卤水适量（精卤水的制作详见本书P10）

■■ **做 法**

❶ 精卤水锅置于火上，用大火煮沸。

❷ 洗净的花生放进煮沸的精卤水锅中，搅拌匀。

❸ 盖上盖，小火卤制20分钟。

❹ 揭盖，把卤好的花生捞出。

❺ 将沥干卤汁的花生装入盘中即可。

柏仁煮花生米

◉烹饪时间：31分钟　◉功效：增强记忆力

■■ 材 料
花生米150克，柏仁15克，姜片、葱段各适量，桂皮、花椒各少许

■■ 调 料
盐2克

■■ 做 法
❶ 砂锅中注入适量清水烧热，倒入少许备好的桂皮、花椒和柏仁，用大火略煮。
❷ 放入适量姜片、葱段，花生米，加入盐。
❸ 盖上盖，烧开后用小火煮约30分钟至食材熟透。
❹ 揭开盖，拣出葱段、姜片、桂皮，捞出花椒。
❺ 盛出卤好的花生米，装入盘中即可。

酱花生米

◎烹饪时间：24分钟　◎功效：益智健脑

■■ 材 料

去皮花生米180克，八角、桂皮、花椒各少许

■■ 调 料

盐2克，生抽、食用油各适量，甜面酱15克

■■ 做 法

❶ 用油起锅，倒入少许八角、桂皮、花椒，炒匀。

❷ 加入适量生抽，炒匀。

❸ 注入适量清水，倒入甜面酱。

❹ 放入备好的去皮花生米，煮沸，加入盐。

❺ 加盖，中火煮约20分钟至食材熟透。

❻ 揭盖，转大火卤至花生米入味。

❼ 关火后盛出卤好的菜肴，装入碗中即可。

❼

酒卤花生

◉烹饪时间: 21.5分钟　◉功效: 降压降糖

■■ 材料
水发花生350克

■■ 调料
酒香卤水适量（酒香卤水的制作详见本书P13）

■■ 做法
❶ 酒香卤水锅置于火上，用大火煮沸。

❷ 酒香卤水锅中倒入洗净的花生。

❸ 盖上盖，煮沸后再用小火卤约20分钟至入味。

❹ 揭开盖，捞出卤好的花生。

❺ 将沥干水分的花生装在盘中即可。

Part 3

越吃越有味的
卤味畜肉篇

畜肉不但可以煎、炒、烹、炸，同样也可以卤。对于卤味来说，畜肉才算是卤味的重头戏。卤好的畜肉只要一出锅，就会飘香满屋，那色泽、香味儿真是让人难以抵挡，尝一口，入口即化，郁而不腻，齿颊留香，真是越吃越有味，让人一试难忘。本章就来给大家介绍如何制作出这等美味佳肴。

卤猪肉

◉烹饪时间: 63分钟　◉功效: 增强免疫力

■■ 材 料

五花肉600克, 姜片10克, 八角3个, 桂皮3克, 香叶4片, 朝天椒2个

■■ 调 料

盐2克, 老抽、生抽各5毫升, 料酒10毫升

Tips 🍚

跟着做不会错: 五花肉的肉质较嫩, 能变化的吃法也较多, 太瘦的肉卤起来不好吃。

■■ 做法

❶ 备一碗，放入洗净的五花肉，注入适量清水。

❷ 加入料酒，浸泡30分钟至去腥。

❸ 锅中注水，放入泡过的五花肉。

❹ 倒入八角、桂皮、香叶及朝天椒。

❺ 放入姜片。

❻ 加入老抽、生抽，拌匀。

❼ 加盖，用大火煮开后转小火卤30分钟至熟软。

❽ 揭盖，加入盐，搅拌均匀。

❾ 加盖，续卤30分钟至入味、上色。

❿ 揭盖，取出卤好的五花肉。

⓫ 将其放在砧板上，切成片。

⓬ 将切好的卤猪肉放入盘中，浇上少许卤汁即可。

卤五花肉

◉烹饪时间：32分钟　◉功效：增强免疫力

■■ 材料
五花肉1000克

■■ 调料
精卤水适量（精卤水的制作详见本书P10）

■■ 做法
❶ 精卤水锅置于火上，用大火烧开，放入洗净的五花肉，拌匀。

❷ 盖上盖，用小火卤制约30分钟至五花肉熟透。

❸ 关火，揭开锅盖，用锅铲将食材拌匀，至入味。

❹ 取出卤熟的五花肉。

❺ 放入备好的盘中，凉凉。

❻ 用斜刀将五花肉切成薄片。

❼ 摆入盘中，淋上少许卤汁即成。

卤猪颈肉

◉烹饪时间：31分32秒　◉功效：益气补血

■■ 材 料
猪颈肉1000克

■■ 调 料
精卤水适量（精卤水的制作详见本书P10）

■■ 做 法

❶ 将猪颈肉洗净备用。

❷ 精卤水锅用大火烧开，放入洗净的猪颈肉。

❸ 盖上盖，煮沸，转用小火卤30分钟至入味。

❹ 揭下锅盖，捞出卤好的猪颈肉。

❺ 装在盘中凉凉。

❻ 待猪颈肉放凉后，切成薄片。

❼ 摆放在盘中，浇上少许卤汁即成。

梅干菜卤肉

◎烹饪时间: 53分钟　◎功效: 开胃消食

■■ 材料

五花肉、梅干菜、八角、桂皮、姜片、香菜
各适量

■■ 调料

盐、鸡粉各1克，生抽、老抽各5毫升，冰
糖适量，食用油、精卤水各适量（精卤水
的制作详见本书P10）

Tips

跟着做不会错: 梅干菜最好用淡盐水
浸泡开再反复清洗，至水变清无杂质，
挤掉水份最好。

■■ 做法

❶ 洗好的五花肉对半切开，切块；梅干菜切段。

❷ 沸水锅中倒入五花肉，汆煮一会儿至去除血水及脏污。

❸ 捞出汆好的五花肉，沥干水分，装盘待用。

❹ 热锅注油，倒入适量冰糖，拌匀至溶化，成焦糖色。

❺ 注入适量清水，放入八角、桂皮，加入少许姜片。

❻ 锅中放入汆好的五花肉。

❼ 加入老抽、精卤水、生抽、盐拌匀。

❽ 加盖，用大火煮开后转小火卤30分钟至五花肉熟软。

❾ 揭盖，倒入切好的梅干菜，拌匀，注入少许清水。

❿ 加盖，续卤20分钟至食材入味。

⓫ 揭盖，加入鸡粉，将菜肴拌匀。

⓬ 关火后盛出菜肴，装盘，摆上适量香菜点缀即可。

东北家常酱猪头肉

◉烹饪时间：62分钟　◉功效：益气补血

■■材料

猪头肉400克，干辣椒20克，花椒15克，八角、桂皮、姜片、香葱、黄瓜片各少许

■■调料

黄豆酱30克，生抽5毫升，盐3克，老抽3毫升，食用油适量

■■ 做法

❶ 锅中注入适量清水，大火烧开。

❷ 放入洗好的猪头肉，搅拌片刻，捞出，沥干水分。

❸ 热锅注油烧热，倒入少许八角、桂皮、干辣椒、花椒、黄豆酱，翻炒片刻。

❹ 锅中注入适量清水，加入少许生抽、盐，搅匀。

❺ 倒入少许姜片、香葱、猪头肉，淋入老抽，搅拌片刻。

❻ 锅盖上锅盖，烧开后转中火煮1小时至熟透。

❼ 掀开锅盖，将猪头肉捞出，放凉。

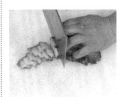

❽ 将放凉后的猪头肉切成薄片。

❾ 将猪头肉放入摆有少许黄瓜片作装饰的盘中，浇上锅中汤汁即可。

Tips 🥄

跟着做不会错：猪头肉氽好水后可以放入凉水中浸泡片刻，口感会更好。

083

卤猪头肉

◉烹饪时间：75分钟　◉功效：益气补血

■■材料

猪头肉600克，干辣椒、蒜头、姜片、葱结、桂皮、八角、茴香、花椒、香叶各少许

■■调料

盐3克，料酒5毫升，老抽6毫升，冰糖12克

■■ 做法

❶ 锅中注入适量清水烧热，放入洗净的猪头肉。

❷ 用大火氽煮约3分钟后，去除血水后捞出，沥干水分，待用。

❸ 锅中注入适量清水烧热，放入氽好的猪头肉。

❹ 倒入少许桂皮、八角、茴香、花椒、香叶，撒上少许葱结、姜片。

❺ 放入少许备好的干辣椒、蒜头，倒入冰糖，淋入料酒。

❻ 加入老抽、盐，搅拌片刻至糖分溶化。

❼ 盖上盖，转小火卤约70分钟，至食材熟透入味。

❽ 揭盖，搅拌几下，关火后盛出卤好的菜肴即可。

❾ 装在盘中，浇上少许卤汁，摆好盘即可食用。

Tips

跟着做不会错：氽煮时可淋上少许料酒，能有效去除腥味。

卤排骨

◉烹饪时间：33分钟　◉功效：增强免疫力

■■ **材料**

排骨600克

■■ **调料**

料酒、精卤水各适量（精卤水的制作详见本书
P10）

■■ **做法**

❶ 将精卤水锅上火烧开。

❷ 放入洗净的排骨，淋入料酒，大火煮沸。

❸ 盖上锅盖，转用小火卤30分钟至入味。

❹ 取下锅盖，拌匀入味。

❺ 关火后，捞出卤好的排骨。

❻ 装在盘中凉凉，再切成小块，摆放在盘中。

❼ 浇上少许卤汁即成。

川味卤排骨

●烹饪时间：32分39秒　●功效：增强免疫力

■■ 材 料

排骨600克，干辣椒6克

■■ 调 料

川味卤水适量（川味卤水的制作详见本书P11）

■■ 做 法

❶ 汤锅中注入适量川味卤水，大火烧开，再放入洗净的干辣椒。

❷ 倒入洗好的排骨。

❸ 盖上盖，大火煮沸后转小火卤30分钟至入味。

❹ 关火后取下锅盖，捞出卤好的排骨。

❺ 装在盘中凉凉。

❻ 待排骨放凉，斩成小块。

❼ 夹入盘中，码放好，浇上少许卤汁即成。

酱排骨

◉烹饪时间：41分钟　◉功效：增强免疫力

■■**材料**

排骨700克，八角、桂皮、姜片、葱段各少许

■■**调料**

番茄酱15克，红糖10克，生抽2毫升，老抽5毫升，料酒5毫升，盐2克，食用油适量

■■ 做法

❶ 锅中注入适量清水，大火烧开。

❷ 倒入备好的排骨，搅匀汆去血水，捞出，沥干水分。

❸ 热锅倒油烧热，放入少许八角、桂皮、姜片、葱段，炒香。

❹ 倒入排骨，快速翻炒片刻。

❺ 加入生抽、料酒、番茄酱，翻炒搅匀。

❻ 注入适量清水，放入红糖、老抽、盐，炒匀。

❼ 锅盖上锅盖，烧开转小火焖40分钟至熟透即可。

❽ 掀开锅盖，持续搅拌片刻。

❾ 关火，将食材盛出，装入盘中即可。

Tips

跟着做不会错：排骨汆水的时候可放些料酒，能更好地提鲜。

酱大骨

◉烹饪时间：122分钟　◉功效：增强免疫力

■■ 材料

猪大骨1000克，香叶、茴香、桂皮、
香葱、姜片各少许

■■ 调料

生抽5毫升，老抽5毫升，白糖3克

Tips

跟着做不会错：骨头最好选择猪腿骨
或者猪脊骨，带骨髓的那种。

■■ 做法

❶ 锅中倒入清水。

❷ 开大火烧至沸腾。

❸ 倒入猪大骨，汆煮片刻，去除杂质。

❹ 将猪大骨捞出放入凉水中凉凉，将其捞出沥干。

❺ 砂锅中注入适量清水烧开。

❻ 倒入猪大骨，再放入少许备好的香叶、茴香、桂皮、香葱、姜片。

❼ 盖上锅盖，煮开后转小火煮1个小时至酥软。

❽ 掀开锅盖，盛出三大勺汤汁滤到碗中，待用。

❾ 砂锅内淋入生抽、老抽，放入白糖。

❿ 盖上锅盖，大火煮开后转小火续煮1个小时。

⓫ 掀开锅盖，将猪大骨盛出装入盘中。

⓬ 将备好的汤汁摆在边上即可。

东北酱骨头

◎烹饪时间：45分钟　◎功效：增强免疫力

■■ 材料

龙骨600克，榨菜疙瘩150克，八角3个，
桂皮3块，姜片、葱段各少许

■■ 调料

老抽4毫升

■■ 做法

❶ 将洗净的龙骨放入清水中，浸泡2小时至去除血水。

❷ 榨菜疙瘩切片。

❸ 砂锅上火，底部放上切好的榨菜疙瘩。

❹ 放上龙骨，倒入少许姜片、葱段。

❺ 放入八角、桂皮，注入适量清水。

❻ 将砂锅加盖，用大火煮开。

❼ 揭盖，放入老抽，拌匀。

❽ 加盖，转小火续煮40分钟至入味。

❾ 揭盖，夹出龙骨、榨菜疙瘩，装在盘中，浇上卤汁即可。

Tips

跟着做不会错：在浸泡龙骨时中途需换一次水，这样能更快去除血水。

自制酱脊骨

◎烹饪时间：33分钟　◎功效：补钙

■■ 材料

脊骨500克，香葱1把，草果2个，桂皮2片，香叶4片，花椒30克，姜片少许

■■ 调料

盐、鸡粉各1克，白糖2克，料酒、老抽、生抽各5毫升，食用油适量，豆瓣酱30克

Tips

跟着做不会错：脊骨稍微洗一下，然后放到凉水中浸泡6~12个小时，中间多换几次水进行清洗。

❶ 热水锅中倒入洗净的脊骨，氽煮一会儿至去除血水。

❷ 然后捞出氽好的脊骨，沥干水分，装盘待用。

❸ 另起锅注油，放入香葱、少许姜片。

❹ 加入草果、桂皮、香叶、花椒。

❺ 放入豆瓣酱，炒匀，加入料酒。

❻ 倒入生抽，注入适量清水。

❼ 放入氽好的脊骨。

❽ 加入盐、白糖、老抽，将食材拌匀。

❾ 加盖，用大火煮开后转小火续焖30分钟至入味。

❿ 揭盖，加入鸡粉，拌匀。

⓫ 关火后夹出煮好的脊骨，装入盘中。

⓬ 浇上少许锅中的酱汁即可。

酱骨头

◉烹饪时间: 62分钟　◉功效: 开胃消食

■■材料
猪腿骨1000克,万用卤包1个,姜片、香葱各少许

■■调料
料酒10毫升,生抽5毫升,老抽2毫升,黄豆酱20克,鸡粉2克,盐3克,食用油适量

■■ 做法

❶ 锅中注入适量清水，大火烧开。

❷ 再倒入清洗好的猪腿骨，汆煮片刻，去除血末，捞出，沥干水分。

❸ 热锅注油烧热，倒入少许姜片、黄豆酱，翻炒爆香。

❹ 锅中注入适量清水，淋入料酒、生抽、老抽。

❺ 放入盐，加入万用卤包、少许香葱，搅拌片刻。

❻ 倒入汆好的猪腿骨，搅拌片刻。

❼ 锅盖上锅盖，煮开后转中火煮1小时至熟透。

❽ 掀开锅盖，加入鸡粉，搅匀调味。

❾ 将食材盛出装入盘中，浇上汤汁即可。

Tips

跟着做不会错：骨头可以先用刀在上面剁几刀，会更易入味。

冰糖猪肘

◉烹饪时间：80分钟　◉功效：美容养颜

■■ **材料**

西蓝花300克，猪肘1000克，八角、桂皮、香叶、草果各少许

■■ **调料**

盐3克，鸡粉2克，水淀粉10毫升，冰糖、料酒、老抽、蚝油、芝麻油、食用油各适量，高汤、红曲米水各适量

■■ 做法

❶ 把洗净的猪肘剔下骨头，备用。

❷ 锅中加水烧开，放入骨头和猪肘，加盖汆至熟，捞出凉凉。

❸ 在猪肘上均匀地抹上适量红曲米水。

❹ 起油锅，倒入猪肘炸至金黄色，捞出。

❺ 沸水锅中加1克盐、油，倒入西蓝花焯熟捞出。

❻ 砂煲中加适量高汤、骨头、少许八角、桂皮、香叶、草果、冰糖、猪肘。

❼ 大火烧开后再用小火炖1小时，调入2克盐、鸡粉，适量料酒、蚝油、老抽。

❽ 慢火焖至入味，盛盘摆上西蓝花；原汤汁入油锅中煮沸。

❾ 加水淀粉、适量芝麻油、食用油，拌匀成稠汁，浇在猪肘上即成。

Tips 🥣

跟着做不会错：在猪肘汆水前，可用竹签在猪肘上扎孔，以便更加入味。

卤猪肘

◎烹饪时间：62分钟　◎功效：增强免疫力

■■ 材料

猪肘1000克，姜片20克

■■ 调料

白醋少许，精卤水适量（精卤水的制作详见本书P10）

■■ 做法

❶ 锅中注入适量清水，加入少许姜片，放入猪肘。

❷ 盖上盖，用大火煮至沸腾。

❸ 揭盖，倒入白醋，撇去锅中的浮沫。

❹ 关火，捞出猪肘，装在盘中待用。

❺ 精卤水锅置于火上，用大火煮沸。

❻ 再放入猪肘，盖上锅盖，用小火卤1小时至入味。

❼ 取下锅盖，取出猪肘，沥干水分。

❽ 装入盘中摆好。

❾ 浇上卤汁即可。

Tips

跟着做不会错：过量的盐会使猪皮发生固化，阻碍热量传递，使里面的肉不容易熟烂，所以卤猪肘时，盐可以少放些。

五香肘子

◉烹饪时间：123分钟　◉功效：益气补血

■■ 材料

猪肘、香叶、花椒、丁香、桂皮、八角、小
茴香、草果各适量，干辣椒、姜末、葱结、
葱段、剁椒各适量

■■ 调料

盐3克，鸡粉2克，料酒4毫升，生抽、老抽、
水淀粉、冰糖、食用油、普洱茶各适量

 **Tips**

跟着做不会错：肘子要清洗干净：用
火把肘子烧一下，把细毛烧干净，然后
用小刀把肘子上的脏皮刮净。

■■ 做法

❶ 将洗净的猪肘切一字刀。

❷ 锅中注入适量清水烧开，放入猪肘，余煮片刻，捞出沥水，装盘。

❸ 锅中注入少许清水，倒入适量冰糖，加入适量食用油，稍煮片刻至冰糖溶化。

❹ 注入适量清水，倒入适量普洱茶。

❺ 放入干辣椒、姜末、葱结、香叶、花椒、草果、丁香、桂皮、小茴香、八角。

❻ 倒入猪肘，加入料酒、盐，适量生抽、老抽，大火煮沸。

❼ 将锅中的材料转移到汤锅中，注入适量清水。

❽ 加盖，中火煮约2小时至食材熟软，揭盖，稍稍搅拌片刻至入味。

❾ 关火后将猪肘捞出，装入盘中备用。

❿ 用油起锅，倒入适量剁椒，爆香。

⓫ 注入少许清水，加入鸡粉、老抽，拌匀，倒入适量水淀粉，撒上适量葱段，调成味汁。

⓬ 盛出味汁，浇在猪肘上即可。

酱肘子

◉烹饪时间：122分钟　◉功效：增强免疫力

■■ 材料

猪肘900克，青豆20克，花椒5克，茴香5克，八角、桂皮、香叶、草果、香葱、姜片、葱花各适量

■■ 调料

冰糖5克，老抽5毫升，生抽5毫升，料酒5毫升，水淀粉3毫升，胡椒粉、盐、食用油、芝麻油、精卤汁各适量

104

❶ 锅中注入适量清水用大火烧开。

❷ 放入猪肘，氽煮片刻去除血水杂质，捞出，沥干水分待用。

❸ 热锅注油烧热，倒入冰糖，炒至溶化变色即可。

❹ 注入适量清水，倒入花椒、茴香，适量八角、桂皮、香叶、草果、姜片、香葱。

❺ 加入老抽、生抽、料酒、适量盐、胡椒粉，搅匀调味。

❻ 取出砂锅，将猪肘放入，再浇上调好的酱汁，注水，搅拌片刻。

❼ 大火烧开后转小火煮2个小时至酥软，将猪肘取出装盘。

❽ 热锅中倒入过滤好的精卤汁，煮开，倒入备好的青豆，煮至熟软。

❾ 倒入水淀粉，淋入适量芝麻油，制成酱汁，浇在猪肘上，撒上葱花即可。

Tips

跟着做不会错：猪肘肉较厚，氽煮的时间可以长点。

香卤脆猪蹄

◉烹饪时间：28分钟　◉功效：美容养颜

■■材料

熟猪蹄200克，香叶2克，八角5克，红曲米6克，桂皮5克，蒜末、葱花各少许

■■调料

生抽10毫升，料酒6毫升，老抽5毫升，辣椒粉5克，辣椒油4毫升，味椒盐3克，食用油适量

■■ 做法

❶ 锅中注水烧开，放入香叶、八角、红曲米和桂皮。

❷ 再加入生抽、老抽，盖上盖，煮约5分钟。

❸ 揭盖，放入猪蹄，加料酒。

❹ 盖上盖，小火煮约20分钟。

❺ 揭盖，捞出猪蹄，斩成块备用。

❻ 热锅注油，烧至五成热，倒入猪蹄，炸片刻，捞出。

❼ 锅底留油，再倒入少许蒜末、辣椒粉，炒香。

❽ 倒入猪蹄，加入味椒盐、少许葱花、辣椒油炒匀。

❾ 装入盘中即可。

Tips

跟着做不会错：在卤制猪蹄的过程中，应不时翻动，这样卤熟的猪蹄颜色均匀、亮丽，味道也会更好。

三杯卤猪蹄

◎烹饪时间：93分30秒　◎功效：益气补血

■■材料

猪蹄块300克，青椒圈25克，葱结、姜片、蒜头、八角、罗勒叶各少许

■■调料

盐3克，食用油适量，三杯酱汁120毫升，白酒7毫升

Tips

跟着做不会错：猪蹄要清洗干净；去毛时最好是用火烧一下，这样才能够把细毛去干净。

❶ 锅中注入适量清水烧开，放入洗净的猪蹄块。

❷ 汆煮约2分钟，去除污渍，捞出材料，沥干水分，待用。

❸ 锅中注入适量清水烧热，倒入汆好的猪蹄。

❹ 淋入白酒，倒入少许备好的八角，撒上部分姜片。

❺ 放入少许葱结，加入盐，大火煮一会儿，至汤水沸腾。

❻ 锅盖上盖，转小火煮约60分钟，至食材熟软。

❼ 揭开锅盖，关火后捞出煮好的猪蹄块，待用。

❽ 用油起锅，放入少许蒜头，撒上余下的姜片，倒入青椒圈，爆香。

❾ 注入备好的三杯酱汁，倒入煮过的猪蹄，加入适量清水。

❿ 盖上盖，烧开后转小火卤约30分钟，至食材入味。

⓫ 揭盖，放入少许洗净的罗勒叶，拌匀，煮至断生。

⓬ 关火后盛出卤好的菜肴，装在盘中，摆放好即可。

卤猪舌

◎烹饪时间：37分钟　◎功效：益气补血

■■ 材料

猪舌200克，葱条、草果、香叶、八角、桂皮、花椒、姜片、大蒜各适量

■■ 调料

精卤水、盐、生抽、老抽、料酒、味精、食用油各适量（精卤水的制作详见本书P10）

■■ 做法

❶ 锅中倒水烧开，放入猪舌，加入适量料酒。

❷ 盖上锅盖，将猪舌焖30分钟至熟透，捞出煮熟的猪舌。

❸ 放入凉水中浸泡2~3分钟后取出。

❹ 炒锅注油，放入适量葱条、草果、香叶、八角、桂皮、花椒、姜片、大蒜，煸炒香。

❺ 倒入适量精卤水、生抽、老抽、盐、味精，调匀。

❻ 放入猪舌，加盖，烧开后，至入味。

❼ 捞出切成片，装盘，淋入卤汁拌匀，摆好即成。

白切猪脚

◎ 烹饪时间：32.5分钟 　◎ 功效：美容养颜

■■ 材料

熟猪脚200克，姜末、蒜末各15克

■■ 调料

盐、鸡粉、生抽、料酒、芝麻油、食用油、白卤水①各适量（白卤水①的制作详见本书P12）

■■ 做法

❶ 白卤水煮好，揭盖，放入熟猪脚，淋入料酒。

❷ 加盖，小火卤煮30分钟，揭盖，把熟猪脚取出装盘。

❸ 用油起锅，放入姜末、蒜末，爆香。

❹ 加少许清水，煮沸。

❺ 加入生抽、鸡粉、盐，拌匀。

❻ 加入适量芝麻油，用锅勺拌匀，制成蘸料。

❼ 将蘸料盛入味碟中，佐以蘸料食用即可。

卤水猪小肠

◉烹饪时间：32分钟　◉功效：增强免疫力

■■材料

猪小肠600克，少许淀粉

■■调料

少许料酒，精卤水适量（精卤水的制作详见本书P10）

■■做法

❶ 猪小肠用淀粉清洗备用。

❷ 起锅，注入适量清水，用大火烧开，加入少许料酒。

❸ 再放入清洗干净的猪小肠，拌匀，中火煮约3分钟至熟，捞出沥水。

❹ 精卤水锅置于火上，大火煮沸。

❺ 放入猪小肠。

❻ 盖上盖，转小火卤30分钟至入味。

❼ 揭开锅盖，取出卤制好的猪小肠，沥干水分。

❽ 将猪小肠装在盘中，放凉后切成小段即可。

❾ 将猪小肠摆放在盘中，淋上少许卤汁即可食用。

Tips

跟着做不会错：在卤的时候可以选择反复地加热、冷泡，这样可以使肠子更酥脆。

白切大肠

●烹饪时间：21分钟 ●功效：清热解毒

■■ 材料

熟猪大肠200克，姜末、蒜末
各一小碟

■■ 调料

盐、鸡粉、白糖、芝麻油、食用油、白卤水②各适
量（白卤水②的制作详见本书P12），酱油一小碟

■■ 做法

❶ 猪大肠洗净装盘，蒸熟备用。

❷ 炒锅烧热，注入适量食用油，倒入蒜末爆香。

❸ 注入少许清水，倒入姜末，拌匀，淋入酱油，拌匀入味。

❹ 再加入鸡粉、盐、白糖、少许芝麻油，拌匀。

❺ 拌匀后煮至沸，制成蘸料，盛入小碗中备用。

❻ 把猪大肠放入白卤水锅中，盖上盖，小火卤煮20分钟。

❼ 揭盖，把卤好的猪大肠取出。

❽ 把猪大肠切成小块，装入盘中。

❾ 把蘸料倒入味碟中，用以佐食卤好的猪大肠。

Tips

跟着做不会错：清洗猪大肠时可先加入盐和醋浸泡，去除脏污后再放入淘米水中浸泡片刻，最后用清水搓洗两遍即可。

卤水大肠

● 烹饪时间：21.5分钟 ● 功效：益气补血

■■ 材料

猪大肠200克

■■ 调料

精卤水适量（精卤水的制作详见本书P10）

■■ 做法

❶ 猪大肠洗净装碗备用。

❷ 把精卤水倒入炒锅中煮沸，放入洗净的猪大肠。

❸ 加盖，用小火卤制20分钟。

❹ 揭盖，把卤好的猪大肠捞出，入盘中凉凉。

❺ 把猪大肠切成小块。

❻ 将切好的猪大肠装入盘中。

❼ 浇上少许卤水即可。

跟着做不会错：应挑选呈乳白色、质稍软、具有韧性、有黏液、不带粪便及污物的新鲜猪肠。

卤水肠头

◎烹饪时间：32 分钟 ◎功效：增强免疫力

■■ 材料

猪肠头250克

■■ 调料

料酒10毫升，精卤水适量（精卤水的制作详见本书P10）

■■ 做法

① 锅注水烧开，放入猪肠头。

② 倒入料酒，煮约2分钟至熟透。

③ 捞出余透的猪肠头，沥干水分，装入盘中待用。

④ 精卤水锅置于火上，烧开，放入余好的猪肠头。

⑤ 盖上盖，用小火煮30分钟至入味。

⑥ 捞出卤好的猪肠头。

⑦ 切成小段，装盘摆好，浇上少许卤汁即可。

跟着做不会错：清洗猪肠头，可用酸菜水反复搓洗儿次，再用清水冲洗干净即可。

Tips

卤肥肠

◉烹饪时间：43分钟　◉功效：清热解毒

■■ 材料

肥肠180克，万用卤包1个，香葱、姜片各适量

■■ 调料

料酒16毫升，盐3克，生抽5毫升，老抽3毫升，鸡粉2克，白糖5克

Tips

跟着做不会错：肥肠用面粉使劲地搓洗干净，同样步骤反面洗四次、正面洗四次（肥肠里面的油筋撕掉）。

❶ 锅中注入适量清水，大火烧开。

❷ 倒入肥肠，淋入8毫升料酒，搅拌至去除脏污。

❸ 将肥肠捞出，沥干水分，待用。

❹ 另起一锅注入少许清水烧开，再倒入白糖。

❺ 炒至焦黄色，注入适量清水，放入万用卤包。

❻ 倒入适量香葱、姜片，放入盐、生抽、老抽、8毫升料酒。

❼ 倒入备好的肥肠，搅拌片刻。

❽ 盖上锅盖，中火煮40分钟至入味。

❾ 掀开锅盖，加入鸡粉，搅拌匀。

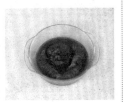

❿ 将煮好的肥肠捞出，装入碗中放凉。

⓫ 将放凉的肥肠切成小段。

⓬ 把切好的肥肠装入盘中即可。

川味辣卤猪肠

◉烹饪时间：22分钟　◉功效：美容养颜

■■ 材料
猪大肠200克，干辣椒5克，花椒3克，

■■ 调料
川味卤水适量（川味卤水的制作详见本书P11）

■■ 做法
❶ 煮好的川味卤水加盖，小火焖煮一会儿。

❷ 揭盖，用大火煮沸川味卤水。

❸ 放入备好的干辣椒、花椒。

❹ 放入洗净的猪大肠。

❺ 加盖，小火卤制20分钟。

❻ 揭盖，把卤好的猪大肠捞出。

❼ 切成小块，装入盘中，浇上少许卤水即可。

卤猪皮

◎烹饪时间: 22分钟　◎功效: 美容养颜

■■ **材料**

熟猪皮300克

■■ **调料**

精卤水适量（精卤水的制作详见本书P10）

■■ **做法**

❶ 精卤水锅置于旺火上煮沸。

❷ 将熟猪皮放入锅中。

❸ 盖上锅盖。

❹ 用小火卤约20分钟至入味。

❺ 取下锅盖，捞出卤好的熟猪皮，沥干卤汁。

❻ 将卤好的熟猪皮盛入备好的盘中。

❼ 摆好盘，即可食用。

卤猪心

◉烹饪时间：45分钟　◉功效：益气补血

■■ **材料**

猪心、香葱、姜片、陈皮、八角、香叶、丁香、桂皮、花椒各适量，少许香菜

■■ **调料**

盐、白糖各1克，生抽5毫升，料酒10毫升，食用油适量

Tips

跟着做不会错：在清洗猪心时，一定要注意把猪心内凝血块和油筋挖去。

❶ 洗好的猪心对半切开，去除脏污。

❷ 在沸水锅中倒入处理净的猪心，汆煮一会儿至去除血水及腥味。

❸ 捞出汆好的猪心，装盘待用。

❹ 另起锅注油，倒入适量陈皮、八角、香叶、丁香、桂皮、花椒。

❺ 放入适量姜片，炒香，加入生抽，注入适量清水。

❻ 放入汆好的猪心，加入适量香葱。

❼ 放入盐、白糖、料酒，拌匀。

❽ 锅加盖，用中火卤40分钟至猪心熟软入味。

❾ 揭盖，捞出焖好的猪心，装盘凉凉。

❿ 从锅中盛出汁液，装碗待用。

⓫ 将凉凉的猪心切片，摆放盘中，放上少许香菜点缀。

⓬ 卤汁放置菜旁，做蘸汁用。

卤猪肚

◉烹饪时间：63分钟　◉功效：益气补血

■■ 材料

猪肚450克，姜片、葱结各少许

■■ 调料

盐2克，生抽4毫升，料酒、芝麻油、食用油各适量，白胡椒20克

124

■■做法

❶锅中注入适量清水烧开，放入猪肚，余煮片刻。

❷关火后将余煮好的猪肚捞出，沥干水分，装入盘中待用。

❸锅中注入适量清水烧开，再倒入猪肚、少许姜片、葱结、白胡椒。

❹锅中加入适量食用油、料酒，盐、生抽，拌匀。

❺加盖，大火烧开后转小火卤60分钟至食材熟软。

❻揭盖，关火后取出卤好的猪肚。

❼将猪肚装入盘中，待用。

❽放凉后将猪肚切成粗丝。

❾放入盘中摆好，浇上适量芝麻油即可。

Tips

跟着做不会错：猪肚事先余煮片刻，可以去除血渍和异味。

125

酱猪肚

◎烹饪时间：5小时47分钟　◎功效：开胃消食

■■ 材料

猪肚350克，姜片少许

■■ 调料

盐4克，老抽5毫升，料酒6毫升，生抽8毫升，冰糖30克

Tips

跟着做不会错：在清洗猪肚时可以使用面粉和油，这样能够使猪肚更容易清洗干净。

❶ 锅中注入适量清水，大火烧开。

❷ 倒入洗净的猪肚。

❸ 汆煮一会儿，去除污渍后捞出，沥干水分，待用。

❹ 锅中注入适量清水烧开，再放入汆好的猪肚。

❺ 加入2克盐，淋入料酒，大火煮沸。

❻ 锅盖上盖，转小火煮约40分钟，至食材熟软。

❼ 揭开锅盖，关火后捞出材料，沥干水分，待用。

❽ 另起锅，注入适量清水烧热，撒上冰糖、少许姜片。

❾ 淋上生抽、老抽，加入2克盐，倒入煮软的猪肚。

❿ 拌匀，转中小火卤约5分钟。

⓫ 关火后将锅中的材料倒入碗中，再静置5小时左右，至猪肚入味。

⓬ 食用时改切粗丝，摆好盘即可。

卤猪小肚

◉烹饪时间：41分30秒　◉功效：增强免疫力

■■ 材料
猪小肚500克

■■ 调料
精卤水适量（精卤水的制作详见本书P10）

■■ 做法
❶ 精卤水锅置火上，用大火烧开。

❷ 放入洗净的猪小肚，大火煮至沸。

❸ 盖上盖子，转用小火卤40分钟至入味。

❹ 揭下锅盖，捞出卤制好的猪小肚。

❺ 沥干卤汁。

❻ 将猪小肚夹入备好的盘中，摆好。

❼ 待凉后食用即可。

卤猪肝

◎烹饪时间：17分钟　◎功效：保肝护肾

■■ 材料

猪肝350克，茴香、八角、花椒、桂皮、陈皮、草果、丁香各少许，姜片、葱结各适量

■■ 调料

盐3克，老抽3毫升，生抽、食用油各适量

■■ 做法

❶ 锅中注入适量清水烧开，倒入洗净的猪肝。

❷ 汆约2分钟，捞出材料，沥干水分，待用。

❸ 用油起锅，姜片爆香，倒入茴香、八角、花椒、桂皮、陈皮、草果、丁香，炒出香味。

❹ 淋上生抽，注入适量清水煮沸，放入适量葱结。

❺ 倒入汆过水的猪肝，加入盐、老抽。

❻ 盖上盖，转小火卤约15分钟，至食材熟透。

❼ 盛出猪肝，切成薄片，摆在盘中，浇上少许卤汁即可。

129

卤猪腰

◉烹饪时间：8分钟　◉功效：益气补血

■■ **材料**

猪腰250克，姜片、葱结、香菜段各少许

■■ **调料**

盐、生抽、料酒、陈醋、芝麻油、辣椒油各适量

■■ 做法

❶ 洗净的猪腰切开，去除筋膜。

❷ 锅中注入适量清水烧开，加入料酒、盐、生抽。

❸ 放入少许姜片、葱结，大火略煮片刻。

❹ 锅中倒入猪腰，拌匀，中火煮约6分钟至熟。

❺ 关火后将猪腰捞出，放入盘中。

❻ 放凉后切成粗丝。

❼ 另取一碗，再放入切好的猪腰、少许香菜段。

❽ 加入生抽、盐，适量陈醋、辣椒油、芝麻油。

❾ 用筷子搅拌均匀，将拌好的猪腰放入盘中即可。

Tips

跟着做不会错：一定要将猪腰的筋膜去除干净，否则会有很重的腥臊味。

131

五香酱牛肉

◎烹饪时间：36小时　◎功效：增强免疫力

■■ 材料

牛肉400克，花椒5克，茴香5克，香叶1克，桂皮2片，草果2个，八角2个，朝天椒5克，葱段20克，姜片少许，去壳熟鸡蛋2个

■■ 调料

老抽、料酒各5毫升，生抽30毫升

Tips

跟着做不会错：倒入的生抽以刚好没过牛肉为宜。

❶ 取一碗，倒入洗净的牛肉。

❷ 放入花椒、茴香、香叶、桂皮、草果、八角、朝天椒、少许姜片。

❸ 再倒入料酒、老抽、生抽，将材料充分拌匀。

❹ 用保鲜膜密封碗口，放入冰箱保鲜24小时至腌渍入味。

❺ 取出腌渍好的牛肉，与酱汁一同倒入砂锅。

❻ 注入适量清水，放入葱段、熟鸡蛋。

❼ 加盖，用大火煮开后转小火续煮1小时至牛肉熟软。

❽ 揭盖，取出酱牛肉及鸡蛋，与酱汁一同装碗凉凉。

❾ 凉凉后用保鲜膜密封碗口，放入冰箱冷藏12小时至入味。

❿ 从冰箱取出腌渍好的酱牛肉、熟鸡蛋，撕去保鲜膜。

⓫ 将鸡蛋对半切开；酱牛肉切片。

⓬ 将切好的鸡蛋、酱牛肉装入盘中，浇上少许卤汁即可。

精卤牛肉

●烹饪时间：43分钟　●功效：增强免疫力

■■ 材料

牛肉350克

■■ 调料

精卤水适量（精卤水的制作详见本书P10）

■■ 做法

❶ 精卤水锅置火上，大火煮沸。

❷ 放入洗净的牛肉，拌煮至断生。

❸ 盖上锅盖，转用小火卤40分钟至入味。

❹ 揭开盖，捞出卤好的牛肉。

❺ 卤好的牛肉装在备好的盘中，放凉。

❻ 把放凉后的牛肉切成薄片。

❼ 码放在盘中，浇上少许卤汁，即可食用。

134

香辣卤牛肉

◉烹饪时间：41分20秒　◉功效：增强免疫力

■■ **材料**

牛肉300克

■■ **调料**

川味卤水适量（川味卤水的制作详见本书P11）

■■ **做法**

❶ 汤锅中倒入适量川味卤水，大火煮至沸。

❷ 放入洗净的牛肉。

❸ 加上锅盖，大火煮沸。

❹ 转用小火卤制约40分钟至入味。

❺ 揭开盖子，再拌煮一小会儿。

❻ 取出卤好的牛肉。

❼ 摆好盘，浇上少许卤汁，即可食用。

川味酱牛肉

◎烹饪时间：65分钟　◎功效：补铁

■■ 材料
牛肉、香葱、朝天椒、花椒、丁香、白蔻、草果、八角、姜片、香菜叶各适量

■■ 调料
盐、鸡粉、冰糖、生抽、料酒各适量

Tips

跟着做不会错：注意在卤前最好是先把切好的牛肉过一下沸水，打沫。

■■ 做法

❶ 热水锅中倒入洗净的牛肉。

❷ 氽煮一会儿至去除血水。

❸ 捞出氽好的牛肉，装盘待用。

❹ 另起锅注水，加入适量料酒、盐、鸡粉、生抽。

❺ 放入氽好的牛肉，倒入适量香葱、姜片、朝天椒。

❻ 放入适量白蔻、草果、八角。

❼ 加入适量冰糖，倒入适量花椒、丁香。

❽ 将食材拌匀，加盖，用大火煮开后转小火卤1小时至熟软入味。

❾ 揭盖，夹出卤好的牛肉，放置一旁凉凉待用。

❿ 将凉凉的酱牛肉放在砧板上，切成片。

⓫ 将切好的牛肉整齐地摆放在盘中。

⓬ 浇上锅中剩余酱汁，放上少许香菜叶点缀即可。

湘卤牛肉

⊙烹饪时间: 3.5分钟　⊙功效: 益气补血

■■ 材料

卤牛肉、莴笋、红椒粒、蒜末、葱花各适量

■■ 调料

盐、精卤水、鸡粉、陈醋、芝麻油、辣椒油、食用油各适量（精卤水的制作详见本书P10）

■■ 做法

❶ 将洗净的红椒切粒，莴笋切片；卤牛肉切片。

❷ 锅中倒入适量清水烧开，加入适量食用油、盐。

❸ 倒入莴笋，煮1分钟至熟，捞出，装入盘中。

❹ 将卤牛肉片放在莴笋片上。

❺ 碗中倒入适量蒜末、葱花、红椒粒，倒入精卤水。

❻ 加入适量辣椒油、芝麻油、鸡粉、盐、陈醋，用筷子拌匀。

❼ 将拌好的材料浇在牛肉片上即可。

香卤牛腱子

◎烹饪时间：64分钟　◎功效：增高助长

■■ 材料

牛腱子肉400克，八角、花椒粒、干红辣椒、香叶、桂皮、草果、姜片、香葱各少许

■■ 调料

白糖8克，生抽6毫升，老抽3毫升，盐3克，食用油适量

■■ 做法

❶ 洗净的牛腱子肉切大块。

❷ 锅注水烧开，倒入牛腱子肉，搅拌余去血水，捞出沥水。

❸ 用油起锅，倒入白糖炒至焦糖色，注水，倒入牛腱子肉。

❹ 放入备好的八角、花椒粒、香叶、桂皮、草果，再倒入少许姜片、香葱、干红辣椒。

❺ 放入牛抽、老抽、盐，搅匀。

❻ 盖上锅盖，大火煮开后转小火煮1小时至食材熟透入味。

❼ 捞出卤好的牛腱子肉切薄片，摆入盘中即可。

酱牛肉

◉烹饪时间：55分钟　◉功效：增强免疫力

■■ 材 料

牛肉300克，姜片15克，葱结、葱花各20克，桂皮、丁香、八角、红曲米、甘草、陈皮各少许

■■ 调 料

盐、鸡粉、白糖、生抽、老抽、五香粉、料酒、食用油各适量

Tips

跟着做不会错：汆煮好的牛肉可用冷水浸泡，让牛肉更紧缩，口感会更佳。

■■ 做法

❶ 锅中注入适量清水，放入牛肉，淋入适量料酒。

❷ 盖上盖，用中火煮约10分钟。

❸ 揭盖，捞出氽煮好的牛肉，待用。

❹ 用油起锅，再放入洗净的姜片、葱结，少许桂皮、丁香、八角、陈皮、甘草，爆香。

❺ 加入白糖，炒匀。

❻ 注入清水，拌匀。

❼ 倒入少许红曲米，加适量盐、生抽、鸡粉、五香粉、老抽，拌匀。

❽ 放入氽过水的牛肉，拌匀。

❾ 盖上锅盖，烧开后转小火煮40分钟左右至熟。

❿ 揭盖，捞出牛肉，沥干汁水，待用。

⓫ 把放凉的牛肉切薄片，摆放在盘中。

⓬ 浇上锅中的汤汁，撒入适量葱花，摆好盘即可。

卤水牛肚

●烹饪时间: 20分钟 ●功效: 益气补血

■■ 材料
牛肚300克

■■ 调料
料酒适量, 精卤水适量（精卤水的制作详见本书
P10）

■■ 做法
❶ 另起锅放置火上, 注入适量清水, 放入牛肚。

❷ 加适量料酒, 搅拌约1分钟, 去除牛肚的杂质。

❸ 把汆过水的牛肚捞出。

❹ 精卤水锅放置火上, 煮沸后放入牛肚。

❺ 加盖, 用小火卤制15分钟。

❻ 揭盖, 把卤好的牛肚捞出, 沥掉卤水。

❼ 把卤好的牛肚切成块, 装入盘中即可。

卤水牛舌

◉烹饪时间：22分钟　◉功效：开胃消食

■■ 材料

牛舌350克

■■ 调料

料酒适量，精卤水适量（精卤水的制作详见本书 P10）

■■ 做法

❶ 另起锅放置火上，注入适量清水，放入牛舌。

❷ 加适量料酒，煮约1分钟，去除血水。

❸ 把汆过水的牛舌捞出。

❹ 精卤水锅放置火上，煮沸后放入牛舌。

❺ 加盖，用小火卤制20分钟。

❻ 揭盖，把卤好的牛舌捞出，装入盘中凉凉。

❼ 卤好的牛舌切片装盘，浇上少许精卤水即可。

卤水牛心

◉烹饪时间：50分钟　◉功效：开胃消食

■■ 材料

牛心、姜、葱、草果、桂皮、干辣椒段、
沙姜、丁香、花椒各适量

■■ 调料

盐、料酒、鸡粉、味精、白糖、老抽、生
抽、糖色、精卤水、食用油各适量（精卤
水的制作详见本书P10）

Tips

跟着做不会错：牛心形大，卤煮前可
先剖开挤去瘀血，切去筋络，这样卤好
的牛心味更醇。

❶ 锅中注入适量清水，加入适量料酒。

❷ 烧热后下牛心汆烫片刻，捞去浮沫，捞出牛心洗净备用。

❸ 另起锅，注油烧热，放入姜、葱，适量草果、桂皮、干辣椒段、沙姜、丁香和花椒。

❹ 加入少许料酒，倒入适量清水。

❺ 放入适量盐、鸡粉、味精、白糖、老抽、生抽。

❻ 再加入适量糖色烧开，放入牛心。

❼ 加盖，中火卤制40分钟至入味。

❽ 捞出牛心装入备好的盘中，放凉。

❾ 将牛心切成片。

❿ 装入盘中，加入少许精卤水。

⓫ 用筷子将牛心拌匀入味。

⓬ 摆入另一个盘中。

精卤牛心

◉烹饪时间：22分钟　◉功效：防癌抗癌

■■ 材料

牛心300克

■■ 调料

精卤水适量（精卤水的制作详见本书P10）

■■ 做法

❶ 另起锅放置火上，注入适量清水，放入牛心。

❷ 加上盖，用大火煮沸，汆去血水。

❸ 揭开盖，把汆过水的牛心捞出，备用。

❹ 精卤水锅放置火上，煮沸后放入牛心。

❺ 加盖，用小火卤制20分钟。

❻ 揭盖，捞出卤好的牛心，稍微沥掉表面的卤水。

❼ 切成片，码入盘中，浇上少许精卤水即可。

精卤牛筋

⊙烹饪时间：41分钟　⊙功效：增强免疫力

■■ 材 料
熟牛筋200克

■■ 调 料
精卤水适量（精卤水的制作详见本书P10）

■■ 做 法
❶ 准备适量现成精卤水备用。

❷ 将精卤水锅放置火上加热。

❸ 倒入牛筋，拌煮至沸。

❹ 加上盖子，转用小火卤40分钟至入味。

❺ 揭开锅盖，搅拌一小会儿。

❻ 取出卤好的牛筋，沥干汁水。

❼ 放入盘中摆好，即可食用。

卤水牛筋

◎烹饪时间：22分钟　◎功效：保肝护肾

■■ 材料

熟牛筋250克

■■ 调料

精卤水适量（精卤水的制作详见本书P10）

■■ 做法

1. 牛筋用水发好，切段备用。
2. 把适量精卤水煮沸，放入水发好的牛筋。
3. 加盖，用小火卤制20分钟。
4. 揭盖，把卤好的牛筋捞出。
5. 把牛筋切成块。
6. 将切好的牛筋装入盘中。
7. 再浇上少许卤水即可。

Tips　跟着做不会错：熟牛筋上如果带有残肉，一定要去除，再用清水洗净即可使用。

川味卤牛筋

◎烹饪时间：42分钟　◎功效：增强免疫力

■■ 材 料

熟牛筋100克，干辣椒3克，花椒2克

■■ 调 料

川味卤水适量（川味卤水的制作详见本书P11）

■■ 做 法

❶ 汤锅中倒入适量川味卤水，大火煮沸。

❷ 放入洗净的干辣椒、花椒。

❸ 放入洗净的熟牛筋，拌煮至沸。

❹ 加盖，小火卤40分钟至入味。

❺ 揭开盖子，取出卤好的牛筋。

❻ 沥干汁水，放入盘中。

❼ 再浇上少许卤汁，摆好盘，食用即可。

跟着做不会错：牛筋要卤至软烂，食用口感才更好。

Tips

149

酱牛蹄筋

◉烹饪时间: 125分钟　◉功效: 补钙

■■材料

牛蹄筋120克，朝天椒、八角、草果、香叶各少许

■■调料

料酒8毫升，生抽10毫升，盐3克，老抽4毫升，鸡粉2克，食用油适量

■■ 做法

❶ 处理好的牛蹄筋切成小段，待用。

❷ 热锅注入适量食用油，大火烧热。

❸ 倒入少许八角、草果、香叶，爆香。

❹ 倒入少许朝天椒，淋入料酒、生抽，注入适量清水。

❺ 加入盐，倒入牛蹄筋，炒匀。

❻ 再加入老抽，搅拌均匀。

❼ 盖上锅盖，煮开后转小火煮2小时。

❽ 掀开锅盖，加入鸡粉，搅拌匀。

❾ 关火，将牛蹄筋盛出装入盘中即可。

Tips

跟着做不会错：牛蹄筋较难煮烂，可以切成小一点儿的块。

辣卤牛蹄筋

◉烹饪时间：22分钟　◉功效：美容养颜

■■ 材料
熟牛蹄筋250克，干辣椒7克

■■ 调料
辣椒油3毫升，川味卤水适量（川味卤水的
制作详见本书P11）

■■ 做法

❶ 准备适量现成川味卤水备用。

❷ 取一个干净的小碗，倒入少许川味卤水、辣椒油。

❸ 拌匀，作为调味汁，备用。

❹ 用大火煮沸川味卤水，放入干辣椒。

❺ 放入熟牛蹄筋。

❻ 加盖，小火卤制20分钟。

❼ 揭盖，把卤好的熟牛蹄筋捞出。

❽ 把熟牛蹄筋切成小块，备用。

❾ 将熟牛蹄筋装入盘中，淋入调好的味汁即可。

Tips

跟着做不会错：生牛蹄筋可用高压锅来煮，这样比较节省时间，能快速将牛蹄筋煮熟软。

153

香辣卤羊肉

◉烹饪时间：31分钟　◉功效：益气补血

●●材料

羊肉500克，干辣椒5克，姜片20克

●●调料

料酒10毫升，精卤水适量（精卤水的制作详见本书P10）

❶ 另起锅，加入清水，放入羊肉。

❷ 加入姜片，淋入5毫升料酒。

❸ 大火加热煮沸，汆去血水，捞出浮沫。

❹ 把汆过水的羊肉捞出，备用。

❺ 把干辣椒放入煮沸的精卤水锅中，再放入羊肉，淋入5毫升料酒。

❻ 盖上盖，小火卤煮30分钟。

❼ 揭盖，把卤好的羊肉取出。

❽ 把羊肉斩成块，摆入盘中。

❾ 浇上精卤水即可。

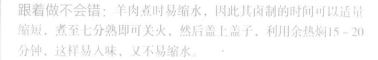

Tips

跟着做不会错：羊肉煮时易缩水，因此其卤制的时间可以适量缩短，煮至七分熟即可关火，然后盖上盖子，利用余热焖15～20分钟，这样易入味，又不易缩水。

卤羊肉

⊙烹饪时间：34分钟　●功效：益气补血

■■ 材料

羊肉400克，姜片适量

■■ 调料

料酒、精卤水各适量（精卤水的制作详见本书P10）

■■ 做法

❶ 另起锅，加入适量清水烧开，放入姜片和羊肉。

❷ 加入料酒拌匀，大火煮沸，捞去锅中浮沫。

❸ 把汆好的羊肉捞出，放入煮沸的精卤水锅中。

❹ 盖上盖，小火卤30分钟。

❺ 揭盖，把卤好的羊肉捞出。

❻ 把羊肉切成块，将切好的羊肉摆入盘中。

❼ 浇上少许卤汁即可。

Part 4

回味无穷的
卤味禽蛋篇

卤禽蛋谁人不喜？一道喷香的香卤禽肉，足以让人回味无穷；简单美味的卤蛋，更是用处多多了，既可以让刚刚下班回家的你垫下肚子，还可以用作煮面的配菜，还等什么，跟着本章，来亲手将这样的一道道美味搬上你的餐桌吧！

五香卤鸡

◎烹饪时间：80分钟　◎功效：增强免疫力

■■ 材料

鸡半只，万用卤包1个，干辣椒15克，
香葱1把，生姜1块

■■ 调料

盐2克，老抽、生抽、料酒各5毫升，
食用油适量，冰糖40克

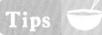

Tips

跟着做不会错：在煮制鸡的时候，中
途要不停翻面，这样可使鸡充分收汁。

■■ 做法

❶ 锅中注入适量清水烧开，放入半只鸡，汆煮片刻。

❷ 关火后捞出汆煮好的鸡，沥干水分，装盘待用。

❸ 用油起锅，加入清水，倒入冰糖。

❹ 翻炒约3分钟至冰糖溶化。

❺ 注入适量清水，放入鸡、干辣椒、万用卤包、香葱、生姜。

❻ 加入盐、老抽、生抽、料酒，拌匀。

❼ 加盖，小火煮1小时至食材熟透。

❽ 揭盖，稍稍搅拌至入味。

❾ 关火后捞出煮好的鸡，放入碗中。

❿ 倒入锅里的卤汁，浸泡15分钟左右使其收汁。

⓫ 捞出浸泡好的鸡，放在砧板上，斩成若干小块。

⓬ 摆入盘中即可。

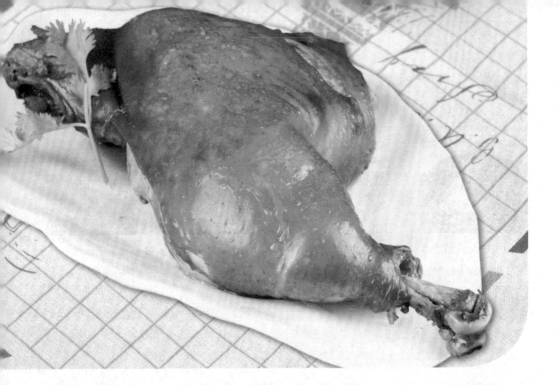

卤水鸡

⊙烹饪时间：31分30秒　　⊙功效：增强免疫力

■■ 材料

鸡肉1000克

■■ 调料

精卤水适量（精卤水的制作详见本书P10）

■■ 做法

❶ 准备适量精卤水备用。

❷ 锅放置火上，调成大火烧开，放入洗好的鸡肉。

❸ 按压鸡肉使其浸没在精卤水中。

❹ 盖上盖子，大火煮沸。

❺ 转用小火卤30分钟至入味。

❻ 揭下锅盖，捞出卤制好的鸡肉。

❼ 装在盘中，放凉后食用即可。

卤鸡架

◉烹饪时间：22分钟　◉功效：保肝护肾

■■ 材 料
鸡骨架500，姜片10克，葱条6克

■■ 调 料
精卤水适量（精卤水的制作详见本书P10）

■■ 做 法
① 锅中倒入适量清水。

② 放入洗净的鸡骨架，汆煮片刻，捞去锅中浮沫。

③ 将汆煮好的鸡骨架捞出备用。

④ 姜片和葱条放进煮沸的精卤水锅，放入鸡骨架。

⑤ 盖上盖，用小火卤制20分钟。

⑥ 挑去葱条，捞出鸡骨架，沥干卤水。

⑦ 鸡骨架斩成块，装入盘中，再浇上卤水即可。

茶香卤鸡腿

◉烹饪时间：45分钟　◉功效：增强免疫力

■■材料

鸡腿、姜片、大葱段、蒜头、八角、香叶、花椒、桂皮、草果、干辣椒、葱花各适量

■■调料

盐2克，老抽4毫升，料酒、生抽、食用油、普洱茶各适量

162

■■ 做法

❶ 锅中注入适量清水烧热，倒入适量鸡腿，氽煮片刻。

❷ 关火后捞出氽煮好的鸡腿，沥干水分，装入盘中备用。

❸ 用油起锅，倒入适量八角、香叶、花椒、桂皮、姜片、大葱段、蒜头。

❹ 加入适量料酒、生抽，翻炒均匀。

❺ 倒入适量普洱茶、草果，放入鸡腿，大火煮沸。

❻ 倒入适量干辣椒，加入老抽、盐。

❼ 加盖，中小火卤约35分钟至食材熟透。

❽ 揭开锅盖，取出卤好的鸡腿，装入盘中备用。

❾ 将卤好的鸡腿切成小块，装入盘中，撒上适量葱花即可。

Tips

跟着做不会错：氽煮鸡腿时可以加入少许料酒，这样可以更好地去除腥味。

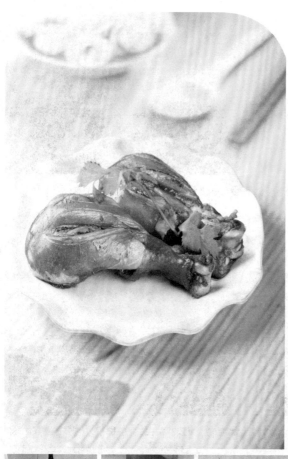

卤鸡腿

◎ 烹饪时间：21分钟　◎ 功效：保肝护肾

■■ 材料

鸡腿250克

■■ 调料

精卤水适量（精卤水的制作详见本书P10）

■■ 做法

❶ 准备适量现成精卤水备用。

❷ 在鸡腿上打上花刀。

❸ 将鸡腿装入盘中备用。

❹ 鸡腿放入煮沸的精卤水锅中。

❺ 盖上盖，用小火卤制20分钟。

❻ 揭盖，把卤好的鸡腿捞出。

❼ 将鸡腿装入盘中即可。

 **Tips**　跟着做不会错：在熄火后，鸡腿继续在卤汁中浸泡一会儿，吃的时候再装盘，味道会更好。

卤鸡翅

⊙烹饪时间：12分钟　⊙功效：增强免疫力

■■ 材料
鸡中翅300克

■■ 调料
料酒适量，精卤水适量（精卤水的制作详见本书P10）

■■ 做法
❶ 在炒锅中加入适量清水，大火烧开后倒入鸡中翅。

❷ 加适量料酒，氽约2分钟，除去血水。

❸ 氽过水的鸡中翅捞出，备用。

❹ 精卤水锅放置火上，大火烧开。

❺ 鸡中翅放入煮沸的精卤水锅。

❻ 加盖，转小火卤10分钟至入味。

❼ 捞出装盘，浇上少许卤水即可。

跟着做不会错：氽鸡翅时加入少许料酒可有效去除其腥味。

Tips

165

卤翅尖

◎烹饪时间：11分钟　◎功效：增强免疫力

■■材料

鸡翅尖、香叶、茴香、陈皮、花椒、桂皮、八角、香葱、姜片各适量

■■调料

老抽3毫升，盐3克，白糖2克，食用油、精卤水各适量（精卤水的制作详见本书P10）

■■ 做法

❶ 锅中注入适量清水，大火烧开。

❷ 倒入适量鸡翅尖，余煮片刻去除杂质。

❸ 将鸡翅尖捞出，放入凉水中晾凉。

❹ 热锅注油烧开，倒入香叶、茴香、陈皮、花椒、桂皮、八角，炒香。

❺ 注入适量清水，倒入适量姜片、香葱、精卤水。

❻ 再加入老抽、盐、白糖，倒入鸡翅尖，翻炒匀。

❼ 盖上锅盖，大火煮开后转小火煮10分钟至熟透。

❽ 掀开锅盖，大火翻炒收汁。

❾ 将鸡翅尖盛出装入盘中即可食用。

Tips

跟着做不会错：给鸡翅尖收汁的时候一定要搅动，以免糊锅。

167

川香卤鸡尖

⊙烹饪时间: 18分钟　⊙功效: 益气补血

■■ 材 料
鸡尖300克

■■ 调 料
麻辣卤水适量（麻辣卤水的制作详见本书P11）

■■ 做 法
❶ 麻辣卤水锅放置火上，调成大火烧开。

❷ 揭盖，把鸡尖放入卤水中。

❸ 盖上盖，小火卤制15分钟。

❹ 揭开盖，把卤好的鸡尖捞出，装入盘中。

❺ 浇上少许卤水即可。

卤鸡尖

◉烹饪时间: 16分钟　◉功效: 开胃消食

■■ 材料

鸡尖250克，姜片15克

■■ 调料

精卤水适量（精卤水的制作详见本书P10）

■■ 做法

❶ 锅中注入适量清水，放入洗净的鸡尖。

❷ 盖上盖，大火煮沸。

❸ 揭开盖，捞去锅中浮沫。

❹ 将汆煮好的鸡尖捞出备用。

❺ 把姜片放入煮沸的精卤水锅中，再放入鸡尖。

❻ 盖上盖，用小火卤制15分钟。

❼ 捞出鸡尖，装入盘中即可。

卤凤双拼

⦿烹饪时间: 17分　⦿功效: 美容养颜

■■ 材料

凤爪160克，鸡翅180克，葱段、
姜片、桂皮、八角各少许

■■ 调料

盐3克，老抽3毫升，料酒5毫升，食用油适量，
精卤水20毫升（精卤水的制作详见本书P10）

■■ 做法

❶ 锅中注入适量清水，大火烧开。

❷ 沸水锅中倒入鸡翅、凤爪，拌匀。

❸ 氽煮约2分钟，去除血渍后捞出，沥干水分，待用。

❹ 用油起锅，倒入少许八角、桂皮，炒出香味，撒上少许葱段、姜片，爆香。

❺ 注入备好的精卤水，加入适量清水，大火略煮。

❻ 滴上老抽，再加入盐、料酒，倒入氽过水的材料，拌匀。

❼ 盖上盖，烧开后转小火卤约15分钟，至食材入味。

❽ 关火后揭盖，夹出卤好的菜肴。

❾ 摆放在盘中，稍稍冷却后食用即可。

Tips

跟着做不会错：食材上先切上几处花刀，卤制时会更易入味。

卤凤爪

●烹饪时间：32分钟　●功效：美容养颜

■■ 材料

凤爪100克，葱条、姜片各少许

■■ 调料

盐5克，白糖、鸡粉、料酒、精卤水各适量（精卤水的制作详见本书P10）

■■ 做法

❶ 锅中注入适量清水烧开，倒入洗好的凤爪。

❷ 汆烫至断生，捞出沥水备用。

❸ 另起锅烧热，倒入适量精卤水。

❹ 放入凤爪，少许姜片、葱条，拌匀，盖上盖，煮至沸。

❺ 揭盖，加盐，适量鸡粉、白糖、料酒调味。

❻ 盖上盖，用中小火焖煮约10分钟至熟，关火，再浸20分钟至入味。

❼ 取出凤爪，沥干精卤水，放入盘中，摆好盘即可。

盐焗凤爪

◉烹饪时间：23分钟　◉功效：开胃消食

① ② ③ ④ ⑤ ⑥ ⑦

■■ 材料

凤爪500克，姜片25克，八角、干沙姜各20克

■■ 调料

盐焗鸡粉30克，黄姜粉10克，盐、鸡粉各少许

■■ 做法

❶ 锅中注清水烧热，放入洗净的凤爪，加盖，大火烧开。

❷ 揭开盖，放入姜片和洗净的八角、干沙姜。

❸ 加入少许盐、鸡粉。

❹ 再倒入盐焗鸡粉，搅拌均匀。

❺ 加入黄姜粉，用锅勺充分拌匀。

❻ 加盖，小火卤制15分钟至入味。

❼ 揭盖，捞出凤爪，摆好盘即成。

五香凤爪

◎烹饪时间：22分钟　◎功效：美容养颜

■■ **材料**

凤爪700克，八角3个，桂皮2片，干辣椒3克，茴香5克，花椒8克，姜片少许

■■ **调料**

盐、白糖各1克，老抽2毫升，料酒3毫升

■■做法

❶沸水锅中倒入洗净的凤爪。

❷汆煮一会儿至去除腥味，掠去浮沫。

❸捞出汆煮好的凤爪，放入凉水中，收紧表皮。

❹另起锅注水，放入桂皮、茴香、八角、花椒、干辣椒。

❺倒入少许姜片。

❻加入老抽、白糖、料酒、盐，拌匀。

❼放入浸凉的凤爪，用大火煮开。

❽加盖，转小火卤约20分钟至凤爪熟软入味即可。

Tips

跟着做不会错：汆煮凤爪时可加入适量料酒，去腥效果更佳。

❾揭盖，盛出卤好的凤爪，装盘即可。

175

蜜香凤爪

◉烹饪时间：27分钟　◉功效：增强免疫力

■■ 材料

凤爪300克，干辣椒4克，桂皮、八角各5克

■■ 调料

白糖20克，料酒15毫升，盐10克，老抽8毫升，鸡粉8克，生抽5毫升

■■ 做法

❶ 将洗净的凤爪切去爪尖。

❷ 锅中再倒入1000毫升清水烧开，倒入凤爪。

❸ 加入约5毫升料酒，拌匀。

❹ 把余好的凤爪捞出，备用。

❺ 锅中注水，放入干辣椒、桂皮和八角，加入白糖、盐。

❻ 再加入老抽、生抽、鸡粉、10毫升料酒，倒入凤爪。

❼ 盖上盖，小火煮20分钟。

❽ 揭盖，把卤好的凤爪捞出装盘。

❾ 浇上卤汁即可。

Tips

跟着做不会错：卤凤爪时，卤水的量应是凤爪的两倍，烧开后要用小火继续煮，这样才能使卤水中香料的味道充分渗透到凤爪中去。

177

卤鸡杂

●烹饪时间：14分钟　●功效：保肝护肾

■■ **材料**

鸡杂300克，香菜少许

■■ **调料**

鸡粉12克，盐、白糖、生抽、老抽、精卤水各适量（精卤水的制作详见本书P10）

■■ 做法

❶ 准备适量现成精卤水倒入锅中备用。

❷ 把洗净的鸡杂放入煮沸的精卤水中。

❸ 淋入适量老抽，加入适量盐。

❹ 再加入适量生抽、白糖、鸡粉。

❺ 盖上锅盖，然后烧开转小火卤10分钟至入味。

❻ 揭开锅盖，把卤熟的鸡杂捞出，凉凉。

❼ 将凉凉的鸡杂切成若干片。

❽ 取一个碟子，放入切好的鸡杂，再加入少许卤水。

❾ 摆上少许洗净的香菜即可。

Tips

跟着做不会错：鸡杂切片时不宜切得太厚，否则不容易入味。

179

卤水鸡胗

◉烹饪时间: 27分钟　◉功效: 开胃消食

■■ 材料

鸡胗、茴香、八角、白芷、白蔻、花椒、
丁香、桂皮、陈皮、姜片、葱结各适量

■■ 调料

盐3克，老抽4毫升，料酒5毫升，生抽6毫
升，食用油适量

■■ 做法

❶ 锅中注入适量清水，大火烧热。

❷ 倒入适量处理干净的鸡胗。

❸ 拌均匀，汆煮约2分钟，去除腥味，捞出材料，沥干水分，待用。

❹ 用油起锅，再倒入茴香、八角、白芷、白蔻、花椒、丁香、桂皮、陈皮以及适量姜片、葱结，爆香。

❺ 淋入料酒、生抽，注入适量清水。

❻ 倒入汆过水的鸡胗，加入老抽、盐，拌匀，大火煮沸。

❼ 盖上盖，转中小火卤约25分钟，至食材熟透。

❽ 揭盖，关火后夹出卤熟的菜肴。

❾ 装在盘中，浇入卤汁，摆好盘即可。

Tips

跟着做不会错：鸡胗腥味较重，汆水时可放入料酒，去腥的效果会更好。

酱鸡胗

◎烹饪时间：1天40分钟　◎功效：开胃消食

■■ 材料

鸡胗块400克，万用卤包1个，香葱1把，生姜2块

■■ 调料

料酒10毫升，生抽、老抽各5毫升，盐2克，鸡粉、白糖各3克

■■ 做法

❶ 锅中注入适量清水，大火烧开。

❷ 淋入5毫升料酒，倒入鸡胗块，汆煮片刻至去除血水。

❸ 关火后捞出汆煮好的鸡胗块，沥干水分，装盘备用。

❹ 另起锅，锅中注入适量清水。

❺ 倒入鸡胗块、万用卤包、香葱、生姜。

❻ 再加入5毫升料酒、生抽、老抽、盐、白糖，拌匀。

❼ 加盖，小火煮30分钟至熟。

❽ 揭盖，加入鸡粉。

❾ 搅拌至入味，关火后盛出煮好的菜肴。

❿ 将菜肴装入碗中，放置24小时，使其充分入味。

⓫ 将放凉的鸡胗块捞出，放入小碟子中。

⓬ 在鸡胗上浇上适量汤汁即可。

卤鸡心

◉烹饪时间：2小时24分钟　◉功效：保护视力

■■ 材料

鸡心130克，香叶5片，桂皮2片，八角2个，草果2个，姜片少许

■■ 调料

盐1克，生抽5毫升，食用油适量

■■ 做法

❶ 沸水锅中倒入洗净的鸡心，汆煮一会儿至去除腥味和血水。

❷ 从锅中捞出汆好的鸡心，沥干水分，装盘待用。

❸ 热锅注入适量油，倒入香叶、桂皮、八角、草果、少许姜片，爆香。

❹ 加入生抽，注入适量清水。

❺ 倒入汆好的鸡心。

❻ 锅中加入盐，搅拌均匀。

❼ 加盖，用大火煮开后转小火卤20分钟至熟软。

❽ 关火，让鸡心在酱汁中浸泡2小时至充分入味。

❾ 揭盖，将卤鸡心装盘即可。

Tips 🍚

跟着做不会错：鸡心买回家后可用盐轻轻反复搓洗，既除去腥味又洗去脏污。

酱鸭子

◉烹饪时间：157分钟　◉功效：清热解毒

■■ **材料**

鸭肉650克，八角、桂皮、香葱、姜片各少许

■■ **调料**

甜面酱、料酒、生抽、老抽、白糖、盐、食用油各适量

Tips

跟着做不会错：腌渍鸭子的时候可以加点料酒，能更好地去腥。

■■ 做法

❶ 将处理好的鸭肉上抹上适量老抽、甜面酱。

❷ 老抽、甜面酱里外两面均匀抹上，腌渍2个小时至入味。

❸ 热锅注油烧热，放入腌渍好的鸭肉。

❹ 煎出香味，煎至两面微黄，将鸭肉盛出，装入盘中待用。

❺ 锅底留油烧热，倒入少许八角、桂皮，炒香。

❻ 倒入少许姜片、香葱，炒制片刻，注入适量清水。

❼ 加入适量生抽、老抽、料酒、白糖、盐，搅匀。

❽ 放入备好的鸭肉，搅拌片刻。

❾ 盖上锅盖，大火煮开后转小火煮35分钟至熟透。

❿ 掀开锅盖，盛出鸭肉，将汤汁倒入碗中待用。

⓫ 将鸭肉放入砧板上，斩成若干块状装盘待用。

⓬ 将汤汁浇在鸭肉上，即可食用。

卤水鸭

●烹饪时间：31分30秒 ●功效：增强免疫力

■■ 材料

鸭肉1000克

■■ 调料

精卤水适量（精卤水的制作详见本书P10）

■■ 做法

❶ 准备适量现成精卤水倒入锅中。

❷ 精卤水锅置火上，用大火烧开。

❸ 再放入洗净的鸭肉。

❹ 盖上盖子，大火煮沸。

❺ 转用小火卤20分钟至入味。

❻ 揭下锅盖，捞出卤好的鸭肉。

❼ 装在盘中，放凉后食用即可

白切鸭

◉烹饪时间：23.5分钟　◉功效：益气补血

■■ 材料

鸭肉1000克，姜片20克，葱结15克，八角7克，草果5克，桂皮5克，陈皮3克，香叶3克，蒜末少许

■■ 调料

盐22克，味精15克，白醋10毫升，料酒、食用油各适量

■■ 做法

❶ 小碟中放入少许蒜末，倒入白醋，加入11克盐，拌匀成味汁。

❷ 锅中注油烧热，放入姜片、葱结，大火爆香。

❸ 倒入八角、草果、桂皮、陈皮、香叶。

❹ 淋入适量料酒，快速翻炒香，注入清水。

❺ 加入11克盐，放入味精，煮片刻至入味。

❻ 放入洗净的鸭肉拌匀，掠去浮沫，转小火卤20分钟至熟。

❼ 捞出沥干汁水后装盘，食用时佐以味汁即可。

红扒秋鸭

◎烹饪时间：83分钟 ◎功效：益气补血

■■材料

鸭肉2000克，笋片160克，葱条、姜片、桂皮、八角、丁香、草果各适量

■■调料

盐3克，鸡粉2克，老抽2毫升，料酒6毫升，生抽、水淀粉、食用油各适量

Tips 🥣

跟着做不会错：腌渍鸭肉时，可将姜片放入鸭腹中，这样能减淡其腥味。

■■ 做法

❶ 将洗净的鸭肉斩去鸭爪，装入盘中。

❷ 淋入适量生抽，抹匀，再腌渍约20分钟，待用。

❸ 热锅注入适量油，烧至六成热，放入腌好的鸭肉。

❹ 拌匀，用中小火炸约3分钟，至其呈金黄色，关火后捞出。

❺ 用油起锅，放入葱条、姜片，爆香。

❻ 注入适量清水，倒入适量桂皮、八角、丁香、草果。

❼ 放入炸好的鸭肉，加入鸡粉、盐、老抽，倒入料酒。

❽ 盖上盖，烧开后用小火卤约1小时，至鸭肉熟透。

❾ 揭开盖，盛出卤熟的鸭肉，装入盘中，待用。

❿ 锅中留卤汁，转大火加热，放入备好的笋片。

⓫ 再倒入适量水淀粉，拌匀，略煮一会儿，至笋片熟透，制成卤料。

⓬ 关火后盛出卤料，浇在鸭肉上即成。

酱鸭腿

◉烹饪时间：32分钟　　◉功效：益气补血

■■ **材料**

鸭腿肉、蒜头、姜片、葱结、香叶、花椒、丁香、茴香、桂皮各适量

■■ **调料**

盐3克，老抽4毫升，生抽6毫升，食用油、冰糖各适量

■■ 做法

❶ 锅中注入适量清水，大火烧开。

❷ 放入适量洗净的鸭腿肉。

❸ 汆煮一会儿，去除血渍，再捞出食材，沥干水分，待用。

❹ 用油起锅，放入适量备好的冰糖，炒匀，至其溶化。

❺ 注入适量清水，倒入香叶、花椒、丁香、茴香、桂皮，撒上姜结、蒜头、姜片，大火煮沸。

❻ 放入汆过水的鸭腿肉，拌匀，加入老抽、生抽、盐。

❼ 盖上锅盖，转小火卤约30分钟，至食材熟透。

❽ 揭盖，关火后捞出卤好的鸭腿肉。

❾ 食用时斩成小件，摆在盘中，浇上少许卤汁即可。

Tips

跟着做不会错：冰糖炒的时间不宜太长，以免产生糊味。

193

精卤鸭掌

◉烹饪时间：16分30秒　◉功效：瘦身排毒

■■ **材料**

鸭掌200克

■■ **调料**

精卤水适量（精卤水的制作详见本书P10）

■■ 做法

❶ 准备适量现成精卤水备用。

❷ 锅中注入适量清水，大火烧开。

❸ 再将沸水锅中放入鸭掌。

❹ 加上盖，用大火煮沸，汆去血水。

❺ 揭开盖，把汆过水的鸭掌捞出，沥干水分备用。

❻ 精卤水倒入锅中放置火上，煮沸后放入鸭掌，搅拌。

❼ 加盖，用小火卤制15分钟。

❽ 揭盖，把卤好的鸭掌捞出，凉凉。

❾ 将鸭掌装入盘中即可食用。

Tips

跟着做不会错：鸭掌卤熟后，让鸭掌在卤水中多浸泡一些时间，才能更好地入味。

卤水鸭翅

◉烹饪时间: 22分钟　◉功效: 益气补血

■■ 材料
鸭翅350克

■■ 调料
精卤水适量 (精卤水的制作详见本书P10)

■■ 做法

❶ 将精卤水锅置于火上。

❷ 盖上锅盖, 大火将精卤水烧开。

❸ 将洗净的鸭翅放入煮沸的精卤水锅中。

❹ 盖上盖, 小火卤煮20分钟。

❺ 揭盖, 把卤好的鸭翅取出。

❻ 把鸭翅切成块。

❼ 摆入盘中, 浇上少许卤汁即可。

卤水鸭舌

◉烹饪时间: 17分钟　◉功效: 提神健脑

■■ **材 料**

鸭舌150克

■■ **调 料**

精卤水适量（精卤水的制作详见本书P10）

■■ **做 法**

❶ 将精卤水锅置于火上，大火烧开。

❷ 将处理干净的鸭舌放入精卤水锅中。

❸ 加盖，用小火卤制15分钟。

❹ 揭盖，把卤好的鸭舌捞出。

❺ 将鸭舌装入盘中，浇上少许卤水即可。

老醋拌鸭掌

●烹饪时间：32分钟　●功效：开胃消食

■■ 材料

鸭掌200克，香菜10克，花生米15克

■■ 调料

盐3克，精卤水、白糖、鸡粉、生抽、陈醋、食用油各适量（精卤水的制作详见本书P10）

■■ 做法

❶ 洗净的香菜切末。

❷ 热锅注油烧热。

❸ 倒入洗好的花生米，炸至呈米黄色，捞出，沥干油。

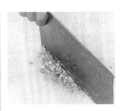
❹ 花生米放凉后去除表皮，拍破，剁成碎末，备用。

❺ 另起汤锅，倒入精卤水煮沸，放入洗净的鸭掌。

❻ 大火煮沸，再用小火卤30分钟至熟，捞出沥干。

❼ 放凉后剁去爪尖，将鸭掌放入碗中，加入适量白糖。

❽ 淋入生抽、陈醋，放入盐、适量鸡粉，撒上花生末，拌匀。

❾ 倒入香菜末，拌匀，盛入盘中摆好即可食用。

Tips

跟着做不会错：烹制此菜时，一定要把鸭掌的爪尖切除干净，否则误食后易刮伤肠胃。

卤鸭脖

◉烹饪时间：20分钟　◉功效：瘦身排毒

■■ 材料

鸭脖200克，姜片20克

■■ 调料

料酒10毫升，精卤水适量（精卤水的制作
详见本书P10）

■■ 做法

❶ 锅中加适量清水烧开，放入姜片，淋入料酒。

❷ 再放入鸭脖，搅拌匀，煮约3分钟，氽去血渍。

❸ 从锅中捞出材料，沥干水分，再放在盘中待用。

❹ 另起锅，倒入适量精卤水，大火煮沸。

❺ 放入氽好的鸭脖，下入姜片。

❻ 加上锅盖，再用小火卤制15分钟左右至入味。

❼ 揭下盖子，捞出卤好的鸭脖，沥干卤汁，放在盘中凉凉。

❽ 把放凉后的鸭脖切成小块。

❾ 盛放在盘中，摆整齐，浇上卤汁即成。

Tips

跟着做不会错：鸭脖子一定要先氽水再卤制，否则腥味太重。

201

麻辣卤鸭脖

◉烹饪时间：18分钟　◉功效：开胃消食

■■ 材料

鸭脖200克，姜片20克，红椒15克，蒜末、葱花各少许

■■ 调料

料酒、花椒油、芝麻油、辣椒油、生抽各适量，精卤水适量（精卤水的制作详见本书P10）

■■做法

❶ 把洗净的红椒切圈，装在小碟子中，待用。

❷ 锅中加适量清水烧开，放入姜片，淋入适量料酒。

❸ 再放入鸭脖，搅拌匀，煮约3分钟，氽去血渍。

❹ 捞出锅中的材料，沥干水分，放在盘中待用。

❺ 锅中倒入适量精卤水，煮沸，放入煮过的鸭脖、姜片。

❻ 用小火卤制15分钟左右至入味，捞出卤好的鸭脖，放在盘中凉凉。

❼ 把放凉后的鸭脖切成小块，放入碗中。

❽ 放入少许蒜末、葱花、红椒，淋入适量辣椒油、花椒油、芝麻油。

❾ 倒上适量生抽，拌至入味，盛出装入盘中即成。

Tips

跟着做不会错：鸭脖在氽水后，放入冷卤水里浸泡2~3个小时，让卤水先行入味，然后再在沸卤水中煮，能更加入味。

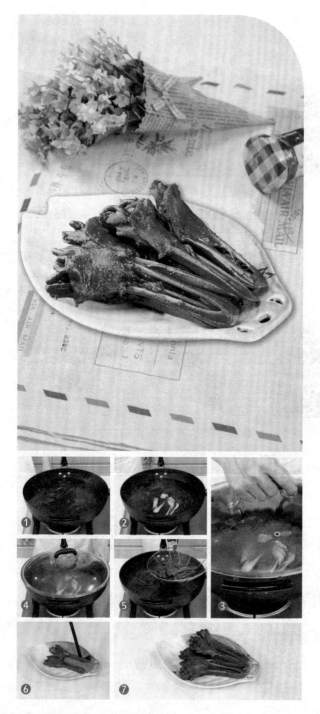

卤鸭下巴

◎烹饪时间：22分钟 ◎功效：养心润肺

■■ 材料

鸭下巴250克

■■ 调料

精卤水适量（精卤水的制作详见本书P10）

■■ 做法

❶ 精卤水锅置火上，大火煮沸。

❷ 再放入洗净的鸭下巴。

❸ 加上锅盖，煮至沸。

❹ 转用小火卤20分钟至入味。

❺ 揭开盖，取出卤好的鸭下巴。

❻ 装入盘中。

❼ 摆放好鸭下巴，食用即可。

Tips 跟着做不会错：烹食鸭下巴前要把舌衣和喉部瘀血处理干净，以免影响成品质量。

辣卤鸭下巴

◉烹饪时间: 22分钟　◉功效: 开胃消食

■■ 材料

鸭下巴200克, 干辣椒5克, 花椒2克

■■ 调料

川味卤水适量 (川味卤水的制作详见本书P11)

■■ 做法

❶ 汤锅中倒入适量川味卤水, 煮沸。

❷ 倒入洗净的干辣椒、花椒。

❸ 再放入鸭下巴。

❹ 盖上盖子, 大火煮沸。

❺ 用小火卤20分钟至入味。

❻ 揭开盖, 搅拌一小会儿。

❼ 取出鸭下巴, 摆好盘, 食用即可。

温州酱鸭舌

◉烹饪时间：23分钟　◉功效：美容养颜

■■材料

鸭舌120克，香葱1把，蒜头2个，姜片少许

■■调料

盐、鸡粉各1克，料酒、老抽各5毫升，食用油适量，冰糖30克

❶ 沸水锅中倒入洗好的鸭舌。

❷ 汆煮一会儿至去除腥味及脏污。

❸ 捞出汆好的鸭舌，沥干，装盘待用。

❹ 热锅注油，倒入香葱、蒜头、少许姜片，爆香。

❺ 倒入汆好的鸭舌。

❻ 加入老抽、料酒，注入适量清水。

❼ 加入冰糖、盐、鸡粉，搅拌均匀。

❽ 加盖，用大火煮开后转小火卤20分钟至入味。

❾ 揭盖，关火后盛出卤好的鸭舌，装盘即可食用。

Tips

跟着做不会错：鸭舌买回家后清洗时可用牙刷轻轻刷去表面的白斑，以保证干净卫生。

五香酱鸭肝

●烹饪时间：63分钟　●功效：保肝护肾

■■ 材料

鸭肝130克，桂皮2片，八角2个，草果2个，茴香6克，香叶2片

■■ 调料

盐1克，老抽5毫升，料酒10毫升

Tips

跟着做不会错：汆煮鸭肝时会有脏污浮出来，记得撇去浮沫，这样能使汆煮的鸭肝更干净。

❶ 锅中注入适量清水，大火烧开。

❷ 沸水锅中倒入洗净的鸭肝。

❸ 淋入5毫升料酒，搅匀。

❹ 汆煮一会儿至去除血水和腥味。

❺ 从锅中捞出汆好的鸭肝，沥干水分，装盘待用。

❻ 砂锅注水，倒入桂皮、八角、草果、茴香、香叶。

❼ 放入汆好的鸭肝。

❽ 加入盐、剩余料酒、老抽。

❾ 搅拌均匀。

❿ 加盖，用大火煮开后转小火焖1小时至入味。

⓫ 揭盖，取出煮好的鸭肝。

⓬ 将鸭肝装盘即可。

白切鸭胗

◉烹饪时间：22分钟　◉功效：开胃消食

材料

鸭胗300克，姜末、蒜末各少许

调料

白糖2克，盐、鸡粉、料酒、芝麻油、食用油、酱油各适量，白卤水②适量（白卤水②的制作详见本书P12）

■■做法

❶ 炒锅烧热，注入适量食用油，倒入少许蒜末爆香。

❷ 注入少许清水，倒入少许姜末，拌匀，淋入适量酱油，拌匀入味。

❸ 加入白糖，适量鸡粉、盐、芝麻油，拌匀成蘸料，盛入碗中备用。

❹ 另起锅，加适量清水，放入鸭胗、适量料酒，拌匀，煮沸后捞出。

❺ 把鸭胗放进煮沸的白卤水锅中，再搅拌均匀。

❻ 用小火卤制20分钟左右，把卤好的鸭胗取出。

❼ 把卤好的鸭胗切成片，装入盘中。

❽ 将蘸料倒入味碟中，待用。

❾ 食用鸭胗时佐以蘸料即成。

Tips

跟着做不会错：鸭胗汆烫至变色应立即捞出，浸泡在凉开水中再卤制，能令鸭胗口感更脆爽。

卤鸭胗

◉烹饪时间：22分钟　◉功效：开胃消食

材料

鸭胗200克

调料

精卤水适量（精卤水的制作详见本书P10）

做法

❶ 锅置火上，注入适量清水，放入处理好的鸭胗。
❷ 加上盖，用大火煮沸，汆去血水。
❸ 揭开盖，把汆过水的鸭胗捞出，备用。
❹ 精卤水锅放置火上，煮沸后放入鸭胗。
❺ 加盖，用小火卤制20分钟。
❻ 揭盖，把卤好的鸭胗捞出，沥干表面的卤水。
❼ 切成片，倒入碗中，倒入卤水，装入盘中即可。

盐水鸭胗

◉烹饪时间：62分钟　◉功效：开胃消食

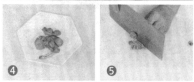

■■ 材 料

鸭胗240克，花椒、桂皮、八角、香草、香叶、姜片、葱条各少许

■■ 调 料

盐、鸡粉、生抽、老抽、料酒各适量

■■ 做 法

❶ 砂锅中注水烧热，倒入少许花椒、桂皮、八角、香草、香叶、姜片、葱条。

❷ 放入洗净的鸭胗，加入适量盐、鸡粉、生抽、老抽、料酒。

❸ 盖上盖，烧开后用小火煮约1小时至熟。

❹ 揭开盖，捞出鸭胗。

❺ 把放凉的鸭胗切成薄片。

❻ 摆放在盘中，浇上卤汁即可。

卤水鸭胗

◎烹饪时间：37分钟　◎功效：开胃消食

材料

鸭胗250克，姜片、葱结各少许

调料

盐3克，料酒4毫升，精卤水120毫升（精卤水的制作详见本书P10）

❶ 锅中注入适量清水,大火烧开。

❷ 放入洗净的鸭胗,煮去血渍。

❸ 再淋上料酒,汆煮一会儿,去除腥味,捞出,沥干水分。

❹ 锅置旺火上,倒入备好的精卤水,注入少许清水。

❺ 撒上少许姜片、葱结,倒入汆好的鸭胗,加入盐。

❻ 盖上锅盖,然后开大火,将锅中精卤水烧开。

❼ 转小火卤约35分钟,至食材熟透。

❽ 揭盖,捞出卤熟的鸭胗。

❾ 放凉后切小片,摆放在盘中即可。

Tips

跟着做不会错:卤鸭胗前可先切上花刀,以便更易入味。

豉油皇鸽

◉烹饪时间: 27分钟　◉功效: 保肝护肾

■■ 材料

乳鸽、香叶、八角、桂皮、姜片各适量

■■ 调料

料酒、盐、生抽、鸡粉、豉油、冰糖各适量

■■ 做法

❶ 锅中倒入清水烧热，放入宰杀处理干净的乳鸽。

❷ 加适量料酒，大火煮沸，余去血水，捞去浮沫。

❸ 把余好的乳鸽捞出，沥干水分。

❹ 另起锅，注入适量清水，放入适量香叶、八角、桂皮、冰糖和姜片。

❺ 加适量豉油、生抽、盐、鸡粉烧开后煮5分钟。

❻ 揭盖，放入乳鸽，加入适量料酒，搅拌匀。

❼ 盖上盖，小火卤煮20分钟，捞出乳鸽，装入盘中即可。

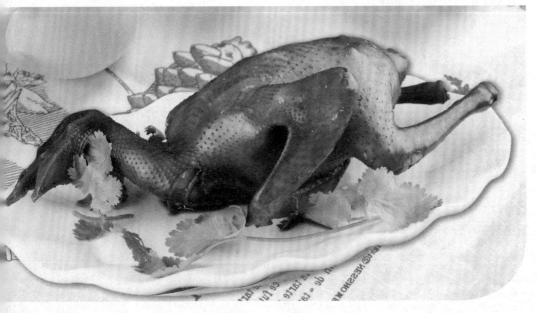

白切乳鸽

◉烹饪时间: 22分钟　◉功效: 益气补血

■■ 材 料

乳鸽1只, 姜末、蒜末各15克

■■ 调 料

料酒、生抽5毫升, 鸡粉、盐、芝麻油、食用油各适量, 白卤水①适量 (白卤水①的制作详见本书P12)

■■ 做 法

❶ 煮沸的白卤水锅中加入料酒。

❷ 放入乳鸽。

❸ 加盖, 小火卤煮20分钟。

❹ 揭盖, 把卤好的乳鸽取出, 装入盘中。

❺ 用油起锅, 倒入姜末、蒜末爆香, 加少许清水, 加入生抽, 加入鸡粉、适量盐。

❻ 再加入适量芝麻油, 用锅勺拌匀, 制成蘸料。

❼ 蘸料盛入味碟, 卤好的乳鸽佐以蘸料食用即可。

花椒酱乳鸽

◎烹饪时间：24小42分钟　◎功效：增强免疫力

■■ 材料

乳鸽1只，花椒20克，八角2个，桂皮2片，草果2个，茴香适量，香葱1把，姜片少许

■■ 调料

盐1克，生抽、料酒各5毫升，食用油适量，柱侯酱25克

跟着做不会错：酱汁味道鲜美，可以放入豆腐一同焖煮，滋味绝佳。

■■ 做法

❶取一空碗，注入适量清水。

❷倒入八角、桂皮、草果、适量茴香。

❸再放入少许姜片、香葱。

❹再加入生抽、盐、料酒。

❺放入洗净的乳鸽。

❻搅拌均匀，腌渍浸泡24小时左右至充分入味。

❼热锅注油，倒入花椒，稍煎片刻。

❽放入柱侯酱，炒拌均匀。

❾放入腌好的乳鸽和腌渍汁。

❿加盖，用大火煮开后转小火卤40分钟至熟软入味。

⓫揭盖，取出卤好的乳鸽。

⓬乳鸽装盘即可。

红烧卤乳鸽

◉烹饪时间：10小时16分钟　◉功效：益气补血

■■ 材料

净乳鸽400克，卤料包1个，姜片、葱结各
适量

■■ 调料

盐4克，老抽4毫升，料酒6毫升，生抽8毫
升，食用油适量，蜂蜜少许

■■ 做法

❶ 锅中注入清水烧
热，放入卤料包，撒
上适量姜片、葱结。

❷ 再加入盐，淋入适
量生抽、料酒，滴上
老抽。

❸ 大火煮沸，改小火
煮约6分钟，至香味
浓郁。

❹ 关火后与处理好的
乳鸽一起装入碗中，
静置10个小时左右，
待用。

❺ 取腌好的乳鸽，沥
干卤水，放在盘中。

❻ 抹上少许备好的蜂
蜜，再静置约10分
钟，待用。

❼ 热锅注油，烧至
五六成热，放入腌渍
好的卤乳鸽。

❽ 转中小火，炸约4
分钟，边炸边浇油，
至食材熟透。

❾ 关火后盛出，沥干
油，食用时斩成若干
小块，摆放在盘中即
可食用。

Tips

跟着做不会错：食用时可配上少许椒盐，味道会更佳。

221

卤水拼盘

◉烹饪时间：68分钟　◉功效：益气补血

■■ 材料

鸭肉、猪耳、猪肚、老豆腐、牛肉、鸭胗、熟鸡蛋（去壳）、姜片、葱条、香叶、草果、沙姜、芫荽子、红曲米、花椒、八角、桂皮各适量，隔渣袋1个

■■ 调料

盐、鸡粉、白糖、老抽、生抽、料酒、食用油各适量

Tips

跟着做不会错：炸豆腐时最好选用小火，这样豆腐的口感才不会太老。

■■ 做法

❶ 锅置火上，注入适量清水，再使用大火烧热。

❷ 放入适量洗净的牛肉、鸭胗、猪耳、猪肚和鸭肉。

❸ 煮沸后淋入适量料酒，拌匀，焯煮约1分钟。

❹ 去除血渍以及杂质，捞出材料，沥干水分，待用。

❺ 热锅注油烧热，放入适量老豆腐，炸至色泽金黄后捞出。

❻ 取隔渣袋，装入适量香叶、草果、沙姜、芫荽子、红曲米、花椒、八角和桂皮，制成香袋。

❼ 锅中注入适量清水烧开，放入香袋，加入适量的盐、鸡粉、白糖。

❽ 再倒入适量生抽、老抽，搅拌匀，撒上适量姜片、葱条，倒入余过水的食材。

❾ 盖上盖，烧开后转小火卤约20分钟，至食材变软，关火后静置约30分钟。

❿ 揭盖，倒入熟鸡蛋和炸过的老豆腐，搅拌一会儿，使其浸入卤水中。

⓫ 煮沸后转小火再卤至全部食材入味，捞出卤好的食材，沥干卤水。

⓬ 最后把放凉后的食材逐一切成片状，摆在盘中，浇上少许卤汁即成。

223

乡巴佬卤蛋

◉烹饪时间：23分钟　◉功效：增强免疫力

■■ **材料**

鸡蛋2个，八角2个，桂皮2片

■■ **调料**

盐1克，老抽2毫升，生抽5毫升，啤酒100
毫升，红糖20克

■■ 做法

❶ 沸水锅中放入两个鸡蛋。

❷ 加盖，用大火煮5分钟至熟透。

❸ 揭开盖，捞出煮好的鸡蛋，放入凉水中降温。

❹ 取出浸凉的鸡蛋，敲碎，去壳。

❺ 将去壳的鸡蛋装盘，在上面划几刀以便后续卤制时入味。

❻ 锅置火上，倒入啤酒，放入八角、桂皮、红糖。

❼ 加入老抽、生抽、盐，拌匀。

❽ 放入去壳的鸡蛋，用大火煮开后转小火卤15分钟至入味。

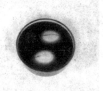

❾ 关火后盛出卤好的鸡蛋及汁液，装碗即可食用。

Tips

跟着做不会错：鸡蛋第一次煮开后关火，加盖焖8分钟左右再取出，这样煮出的鸡蛋更嫩滑。

可乐卤蛋

◉烹饪时间：15分钟　◉功效：增强免疫力

■■ 材 料

鸡蛋3个，丁香2克，香叶5片，桂皮2
片，八角2个，朝天椒1个

■■ 调 料

盐、白糖各1克，生抽、老抽各5毫升，
可乐200毫升

■■ 做法

❶ 锅置火上，注入适量清水，放入鸡蛋。

❷ 加盖，煮约8分钟至熟。

❸ 揭开锅盖，取出鸡蛋放入凉水中至蛋壳降温。

❹ 取出浸凉的鸡蛋，轻轻敲碎，去壳，装盘待用。

❺ 在去壳的鸡蛋上划几刀以便后续卤制时入味。

❻ 砂锅置火上，倒入可乐。

❼ 再放入丁香、香叶、桂皮、八角、朝天椒。

❽ 加入老抽、生抽、盐、白糖。

❾ 放入鸡蛋，拌匀。

❿ 注入适量清水。

⓫ 加盖，用大火煮开后转小火卤3分钟至鸡蛋入味。

⓬ 揭盖，盛出可乐卤蛋，装盘即可。

香卤茶叶蛋

◉烹饪时间：132分钟　◉功效：增强免疫力

■■ 材料

鸡蛋2个，香叶4片，八角1个，茴香5克，甘草6克，红茶包1个

■■ 调料

盐1克，老抽、料酒、鱼露各5毫升

Tips

跟着做不会错：第一次水煮后，蛋壳可不去除，轻轻敲破即可，这样卤制出来的鸡蛋更美观也更具风味。

■■做法

❶ 锅中注适量水，放入鸡蛋。

❷ 加盖，用大火煮约8分钟至熟。

❸ 揭开盖，捞出煮好的鸡蛋，放入凉水中降温。

❹ 取出浸凉的鸡蛋，敲碎，去壳。

❺ 将去壳的鸡蛋装入盘中，再在上面划出花纹以便后续卤制时入味。

❻ 另起砂锅，注水，放入处理好的鸡蛋。

❼ 倒入香叶、八角、茴香、甘草。

❽ 放入红茶包。

❾ 加入老抽、料酒、鱼露、盐，拌匀。

❿ 加盖，用大火煮开后转小火卤2小时至入味。

⓫ 揭盖，盛出茶叶蛋，装在碟中。

⓬ 浇上适量卤汁即可食用。

酱汁鹌鹑蛋

◎烹饪时间: 11分钟　◎功效: 养颜美容

■■ 材 料

鹌鹑蛋300克

■■ 调 料

白糖35克，老抽4毫升，生抽7毫升，
盐2克，食用油适量

跟着做不会错：煮好的鹌鹑蛋一定要
在凉水中完全放凉，才好去壳。

■■ 做法

❶ 锅中注入适量清水，大火烧开。

❷ 再倒入洗净的鹌鹑蛋，搅拌片刻，煮至熟。

❸ 将鹌鹑蛋捞出，放入凉水中放凉。

❹ 将放凉的鹌鹑蛋去壳，待用。

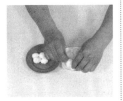

❺ 用牙签将鹌鹑蛋两个一串穿起来，制成小串。

❻ 热锅注油烧热，倒入些许清水。

❼ 加入白糖，炒制成枣红色。

❽ 注入适量清水，加入老抽、生抽、盐。

❾ 倒入鹌鹑蛋，搅拌片刻。

❿ 盖上锅盖，煮开后转小火焖10分钟左右至入味。

⓫ 掀开锅盖，将鹌鹑蛋捞出装入盘中。

⓬ 将少许卤汁浇在鹌鹑蛋上即可。

五香鹌鹑蛋

●烹饪时间: 17分13秒　●功效: 益气补血

■■ 材料

熟鹌鹑蛋300克, 香叶2克, 桂皮4克, 八角5克

■■ 调料

盐15克, 老抽5毫升, 五香粉2克

■■ 做法

❶ 锅置火上, 倒入适量清水, 用大火烧开。

❷ 放入准备好的香叶、桂皮、八角。

❸ 加上锅盖, 用中小火煮5分钟至沸。

❹ 取下盖子, 撒入五香粉、盐、老抽, 调好味。

❺ 倒入熟鹌鹑蛋, 转小火, 轻轻拍打至蛋壳碎裂。

❻ 加上盖子, 用小火卤制约10分钟。

❼ 捞出鹌鹑蛋, 装在盘中, 浇上卤汁即可。

Part 5

鲜香甜美的
卤味水产篇

水产是人们一直喜爱的食材。

它不仅味道鲜美，而且在所有食材中，水产是贵族和平民都可以享受到的食物。水产可以蒸、焖、炖、煮，相信喜欢美食的朋友一定吃过不少水产菜肴，那么卤水产呢？它的滋味同样非常鲜香甜美吸引人。

本章筛选出多道经典卤水产菜式，一图一文教你在家里学做卤水产。

老卤带鱼

◎烹饪时间：50分钟　◎功效：益气补血

■■材料

带鱼肉270克

■■调料

盐3克，白糖4克，料酒5毫升，陈醋15毫升，食用油适量，精卤水80毫升（精卤水的制作详见本书P10）

■■做法

❶ 在洗净的带鱼肉上切上一字刀花。

❷ 放在盘中，再撒上1克盐，淋上料酒，两面抹匀，腌渍10分钟左右。

❸ 热锅注油，烧至五六成热，倒入腌渍好的带鱼肉。

❹ 拌均匀，用中小火炸约3分钟，呈金黄色后捞出，沥干油，待用。

❺ 锅置旺火上，倒入备好的精卤水，注入适量清水。

❻ 再加入2克盐、白糖，淋上陈醋，大火煮一会儿。

❼ 倒入炸过的带鱼肉，拌匀。

❽ 盖上盖，转中小火卤约30分钟，至食材入味。

❾ 揭盖，关火后盛出卤熟的菜肴，装在盘中，摆好盘即可。

Tips

跟着做不会错：刀花不宜切得太密，以免将肉炸散。

糟香秋刀鱼

◉烹饪时间：27分钟　　◉功效：提神健脑

■■ 材料

秋刀鱼200克，姜片20克，葱条15克

■■ 调料

盐适量，糟香卤水适量（糟香卤水的
制作详见本书P13）

Tips

跟着做不会错：处理秋刀鱼时要掏出
其内脏，并且去掉黑膜，再清洗干净。

■■ 做法

❶ 取一个干净的盘子，放上葱条，平放好秋刀鱼。

❷ 再放上20克姜片，撒上适量盐，腌渍片刻。

❸ 把腌好的秋刀鱼放入烧开的蒸锅中。

❹ 盖上盖，用中火蒸约5分钟至熟。

❺ 揭开锅盖，取出蒸好的秋刀鱼。

❻ 拣去姜片和葱条，备用。

❼ 将准备好的糟香卤水锅放置在小火上。

❽ 再倒入已经蒸好的秋刀鱼。

❾ 轻轻按压使其浸入卤汁中。

❿ 盖上锅盖，煮沸后再浸渍20分钟左右至入味。

⓫ 取下锅盖，捞出卤好的秋刀鱼，装入盘中，摆好。

⓬ 最后再浇上少许卤汁即成。

家常卤虾

◉烹饪时间：186分钟 　◉功效：保肝护肾

■■ **材料**

基围虾、红椒圈、香菜碎、香叶、八角、茴香、白蔻、草果、花椒、桂皮、姜片、葱结、蒜头各适量

■■ **调料**

盐3克，白糖2克，胡椒粉、白酒、生抽、老抽各适量

■■ 做法

❶ 将洗净的蒜头拍裂，待用。

❷ 处理干净的基围虾剪去头须，切开背部，去除虾线。

❸ 锅中注入适量清水烧开，倒入香叶、八角、茴香、白蔻、草果、花椒、桂皮。

❹ 淋入适量生抽、老抽，加入盐、白糖、适量胡椒粉。

❺ 搅拌均匀，大火煮3分钟左右，制成卤水汁。

❻ 关火后盛出，装在碗中。

❼ 放凉后淋入适量白酒，倒入适量切好的蒜头，撒上适量姜片、葱结。

❽ 放入适量红椒圈、香菜碎，倒入切好的基围虾。

❾ 拌均匀，置于阴凉处卤约3小时，至基围虾入味，盛入盘中即可。

Tips

跟着做不会错：虾背部的刀口可以切得大一些，卤制时更容易入味。

卤水墨鱼

⦿烹饪时间：20分钟　⦿功效：益气补血

■■ 材料

墨鱼肉250克

■■ 调料

料酒4毫升，精卤水85毫升（精卤水的制作详见
本书P10）

■■ 做法

❶ 锅中注入适量清水烧开，放入墨鱼肉，拌匀。

❷ 淋入料酒，汆煮一会儿，去除腥味后捞出，沥干
　水分，待用。

❸ 锅中注入适量清水烧开，放入汆好的墨鱼肉。

❹ 注入备好的精卤水，用大火卤20分钟至食材入味。

❺ 关火捞出墨鱼肉，切粗条，摆放在盘中，最后浇
　上卤汁即成。

卤水鱿鱼

◉烹饪时间: 22分钟　◉功效: 提神健脑

■■ 材料

鱿鱼300克

■■ 调料

精卤水适量（精卤水的制作详见本书P10）

■■ 做法

❶ 精卤水锅煮沸后放入清洗干净的鱿鱼，拌匀。

❷ 盖上盖子，煮至沸。

❸ 转用小火卤20分钟至入味。

❹ 揭下锅盖，捞出卤好的鱿鱼。

❺ 装在盘中凉凉。

❻ 待鱿鱼放凉后斜切成薄片。

❼ 摆放在盘中, 浇上少许卤汁即成。

酒香田螺

◉烹饪时间：16.5分钟　◉功效：开胃消食

■■材料

田螺350克

■■调料

酒香卤水适量（酒香卤水的制作详见本书
P13）

■■ 做法

❶ 准备适量现成酒香卤水备用。

❷ 将酒香卤水锅置于火上。

❸ 开大火，将酒香卤水烧开。

❹ 锅中倒入清洗干净的田螺。

❺ 搅拌均匀，至田螺完全浸入酒香卤水。

❻ 盖上锅盖子，大火煮至沸。

❼ 转小火，卤煮约15分钟至田螺熟透。

❽ 揭开盖，捞出卤好的田螺，沥干汤汁。

❾ 把田螺装入盘中即可食用。

Tips

跟着做不会错：烹饪田螺时，应将其烧煮10分钟以上，这样才能杀死田螺肉中所含的病菌和寄生虫。

卤海带

◉烹饪时间：9分钟　◉功效：美容养颜

■■ **材料**

海带500克

■■ **调料**

白醋适量，精卤水适量（精卤水的制作详见本书P10）

■■ 做法

❶ 将适量精卤水倒入锅中备用。

❷ 将洗净的海带切成丝，入盘中备用。

❸ 炒锅中加入适量清水，用大火烧开。加入适量白醋。

❹ 倒入海带，用大火煮沸。

❺ 把焯过水的海带丝捞出，备用。

❻ 将精卤水锅置火上，以大火煮沸，放入海带。

❼ 盖上锅盖，慢火卤8分钟。

❽ 揭盖，把卤好的海带捞出。

❾ 装入盘中即可。

Tips 🥣

跟着做不会错：将海带放在沸水中焯烫时，放点白醋不仅可以去除海带的腥味，还能够去除海带所含的黏液，使煮熟的海带爽口不黏糊。

糟卤田螺

●烹饪时间: 16.5分钟　●功效: 开胃消食

■■ 材料
田螺700克

■■ 调料
糟香卤水适量（糟香卤水的制作详见本书P13）

■■ 做法

❶ 准备适量糟香卤水倒入锅中备用。

❷ 糟香卤水锅放置火上，倒入洗净的田螺，

❸ 盖上锅盖，大火煮沸。

❹ 再用小火卤制约15分钟至入味。

❺ 揭开锅盖，捞出卤好的田螺。

❻ 沥干汤汁，装在盘中。

❼ 摆好盘即成。

辣卤田螺

◎烹饪时间: 16.5分钟　◎功效: 开胃消食

■■ 材料

田螺350克

■■ 调料

麻辣卤水适量（麻辣卤水的制作详见本书P11）

■■ 做法

❶ 准备适量麻辣卤水备用。

❷ 汤锅中倒入适量麻辣卤水，大火煮沸。

❸ 放入洗净的田螺。

❹ 盖上盖，大火煮沸，小火卤制约15分钟至入味。

❺ 取下锅盖，捞出卤好的田螺。

❻ 沥干后装入盘中。

❼ 摆好盘即可。

川味海带结

⦿烹饪时间：11.5分钟　⦿功效：益气补血

■■ 材料
海带结700克

■■ 调料
麻辣卤水适量（麻辣卤水的制作详见本书P11）

■■ 做法

❶ 准备适量麻辣卤水备用。

❷ 麻辣卤水锅置火上，大火煮沸。

❸ 放入洗净的海带结，拌匀，用大火煮至沸。

❹ 盖上锅盖，转小火卤煮约10分钟至入味。

❺ 关火，取下锅盖，捞出卤好的海带结。

❻ 沥干汁水，放入盘中。

❼ 摆好盘即可。